Inhalt

Einführung	5
Die Verdauung des Kaninchens	7
Der Verdauungsprozess	9
Wichtige Fachbegriffe und Maßeinheiten	10
Eiweiß	10
Energie	11
Rohfaser	12
Trockensubstanz	13
Nährstoffbedarf und Nährstoffaufnahme	14
Futtermittelkunde	17
Wirtschaftseigene Futtermittel	17
Frisches Grünfutter	17
Luzerne und Kleearten	21
Heu, das tägliche Brot unserer Kaninchen	21
Bereitung von Gärfutter	26
Futterrüben	29
Ackerfutter	30
Andere wirtschaftseigene Futtermittel	31
Getreide	33
Hafer	33
Gerste	34
Weizen	34
Roggen	35
Maiskolben und -körner	35
Handelsprodukte aus der Müllerei und Zuckerherstellung	35
Kleie	35
Zuckerrübenschnitzel	35
Eiweißfuttermittel	36
Sojaschrot	36
Erbsen und Ackerbohnen	37
Der Einsatz von Fertigfuttermitteln	39
Bemerkungen zu BSE	39
Das Fertigfutter	41
Der Sackaufkleber gibt Auskunft	43
Spezialfutter	44

Inhalt

Wasser ist Leben	46
Futterzusätze zur Leistungsförderung	47
Neue Rechtslage bei Fütterungsantibiotika seit Jan. 2006	47
Probiotika	48
Herstellung eigener Kraftfuttermischungen	49
Die Berechnung von Kraftfuttermischungen	50
Beispiele für Futtermischungen	51
Milchviehfutter für Kaninchen	54
Praktische Kaninchenfütterung	56
Geräte	56
Fütterungstechnik	58
Pünktlichkeit	58
Sauberkeit	59
Genauigkeit	59
Mineralstoffe und Spurenelemente	60
Kalzium	60
Phosphor	61
Natrium	62
Spurenelemente	62
Vitamine	63
Vitamin A	64
Betacarotin	65
Vitamin D	67
Vitamin E	67
Wasserlösliche Vitamine	68
Kaninchendung als Produkt der Fütterung	70
Fütterungsbedingte Krankheiten	72
Die Knochenweiche der Häsinnen	72
Rachitis	73
Vergiftungen durch Giftstoffe von Schimmelpilzen	73
Magen-Darm-Entzündungen	76
Blähungen und Trommelsucht	76
Anhang	78
Wertigkeit von Futtermitteln	78
Berechnungsschema für Kraftfuttermischungen	80
Literaturnachweis	80

Einführung

Wer Kaninchen richtig füttern will, braucht sich nicht selbst mit wissenschaftlichen Lehrbüchern abzugeben, benötigt aber gewisse Kenntnisse, um von vornherein Probleme in seinem Tierbestand zu vermeiden.

Oft wird mit allerlei Arzneien und Hausmitteln experimentiert, obwohl es manchmal schon mit einer richtigen Fütterung getan wäre. Wohl in jedem Kaninchenbestand treten gelegentlich solche Besonderheiten auf.

Dieses Buch soll dem engagierten Kaninchenzüchter die Möglichkeit geben, sich Kenntnisse anzueignen, um fütterungsbedingte Ursachen von Erkrankungen zu erkennen und abzustellen. Insgesamt soll

Gruppenhaltung ist eine hervorragende Haltungsweise. Bewegung, frische Luft und gute Futterqualität dienen der Gesunderhaltung der Tiere.

Einführung

mit diesem Buch erreicht werden, dass bei auftretenden Problemen als Erstes die Fütterung auf ihre Richtigkeit überprüft wird.

Aber auch wirtschaftliche Fragen sollen behandelt werden. Die Fütterung mit Fertigfutter, Heu und Wasser ist sehr sicher und auch einfach zu handhaben. Vor allem in größeren Tierbeständen können aber die Futterkosten den Züchter ziemlich belasten. Hier werden Möglichkeiten aufgezeigt, wie die Futterkosten deutlich zu senken sind. Dass hierzu einige Kenntnisse notwendig sind, ist selbstverständlich.

Manches wird dem Züchter bekannt sein, bei der Vielfalt der modernen Erkenntnisse in der Kaninchenfütterung nimmt die Darstellung von Einzelfakten zunehmend weniger Raum ein. Vielmehr erschien es dem Verfasser wichtig, die Fragen nach dem Warum zu beantworten. Das soll heißen, dass in dieser Abhandlung großer Wert auf die Beschreibung der Ursachen und Gründe für bestimmte Fütterungsprobleme gelegt wird.

Aber auch der weniger versierte Anfänger in der Kaninchenzucht kann hier Informationen beziehen und sich vielleicht erst später mit Spezialfragen in den einzelnen Kapiteln befassen.

Auch ausgewachsene Kaninchen haben Ansprüche an die Fütterung.

Die Verdauung des Kaninchens

Das Kaninchen gehört zu den einmägigen Tieren. Deshalb unterscheidet sich die Verdauungstätigkeit des Kaninchens grundsätzlich von der des Schafs, des Rinds und der Ziege. Durch seine Fähigkeit, auch pflanzliche Faserstoffe verdauen zu können, unterscheidet es sich auch vom Schwein. Am ehesten ist der Verdauungsapparat mit den Verdauungsorganen des Pferdes zu vergleichen. Beiden ist gemeinsam, dass der überaus große Blinddarm eine wichtige Rolle in der Verdauung spielt.

Aufgabe der Verdauung ist es, dem Tier die Nährstoffe für den Aufbau des Körpers zuzuführen und die Energie zur Aufrechterhaltung der Körperfunktionen bereitzustellen. Um bei Problemen für Abhilfe sorgen zu können, ist die Kenntnis dieser Vorgänge für jeden Züchter von ganz besonderer Bedeutung. Denn viele Verdauungsstörungen können gerade im Anfangsstadium mit einfachen Mitteln behoben werden, sei es durch kurzzeitigen Futterentzug oder durch Futterumstellung oder einfach dadurch, dass Fütterungsfehler erkannt und dann dementsprechend korrigiert werden.

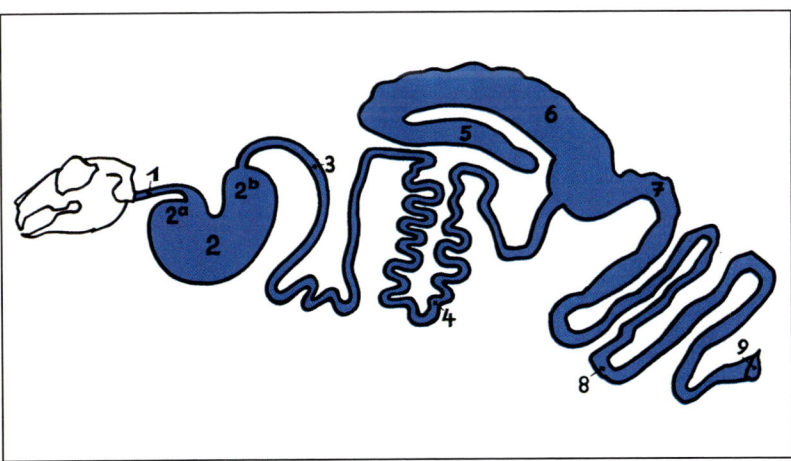

Verdauungsorgane des Kaninchens (schematische Darstellung). Aus: Schlolaut, Ovator Kaninchen-Fibel, Muskatorwerke Düsseldorf. 1 Schlundrohr, 2 Magen, (a Eingang/b Ausgang), 3 Zwölffingerdarm, 4 Dünndarm, 5 Wurmfortsatz, 6 Blinddarm, 7 Grimmdarm, 8 Mastdarm, 9 After. Gesamtlänge ca. 4 bis 6 m.

Die Verdauung des Kaninchens

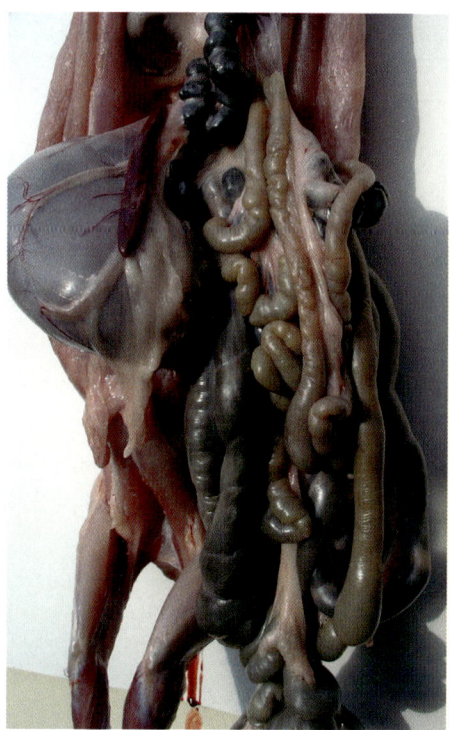

Die Verdauungsorgane des Kaninchens am geöffneten Tier. Auffällig ist der enorm große Blinddarm.

Der Verdauungskanal des Kaninchens ist insgesamt etwa 4 bis 6 Meter lang. Die Nahrung wird über das Maul aufgenommen, gekaut und abgeschluckt. Sie gelangt nun über die Speiseröhre in den Magen. Der Magen bildet eine Art Sack zwischen Speiseröhre und Zwölffingerdarm. Hier werden über die Magendrüsen stärke- und eiweißspaltende Fermente zugesetzt. Ebenso wie Pferde können Kaninchen nicht erbrechen, da der Magen kaum über Muskeln verfügt.

Über den Zwölffingerdarm gelangt der Futterbrei in den Dünndarm. Hier wirken verschiedene Verdauungssekrete auf die Futterbestandteile ein: die Sekrete der Bauchspeicheldrüse, der Darmschleimhaut und der Galle. Der Gallensaft sorgt für die feine Verteilung der im Futter enthaltenen Fette, die anderen Sekrete spalten Stärke zu Zucker, und Eiweiß zu Aminosäuren. Nur diese Grundbausteine gehen ins Blut über und werden verwertet.

Der Dickdarm entzieht dem Nahrungsbrei überschüssiges Wasser und führt es wieder dem Körper zu. Bei Durchfall funktioniert dieser innere Wasserkreislauf nicht, sodass die Tiere letzten Endes austrocknen. Im Dickdarm finden bakterielle Gärungsvorgänge statt, aus den Abbauprodukten wird Energie gewonnen, die dem Körper zugeführt wird.

Betrachtet man die Verdauungsorgane am geöffneten Kaninchen, so fällt sofort der überaus große Blinddarm auf. Der Inhalt des Blinddarms beträgt über die Hälfte des Volumens der gesamten Verdauungsorgane. Dieser stellt die Gärkammer vor allem für Faserstoffe, der sogenannten Rohfaser, dar. Dort befinden sich Bakterien, welche die Rohfasern des Futters zu Stärke und dann weiter in Zucker aufspalten.

Aufgrund des großen Fassungsvermögens von Magen und Blinddarm kann nährstoffarmes Futter durch entsprechend große Verzehrmengen gut genutzt werden.

Die bakteriellen Gärvorgänge im Blinddarm allein sind es, die dem Kaninchen die intensive Verwertung von Heu und Gras ermöglichen. Dass diese Vorgänge ebenfalls recht störungsanfällig sind, leuchtet ein, wenn man weiß, dass Bakterien sehr spezialisiert sind, und auf Futterumstellung sofort reagieren.

Daraus folgt auch der Rat, die Futterumstellung von der Winter- auf die Sommerfütterung immer allmählich vorzunehmen. Aber auch eine Behandlung mit Arzneimitteln wie Antibiotika kann die Gärungstätigkeit im Blinddarm beeinträchtigen. Auf eine weitere Besonderheit im Blinddarm, die Bildung von wichtigen Vitaminen der B-Gruppe, wird später noch eingegangen.

Der Verdauungsprozess

Ort	Prozess
Mundhöhle	Futterzerkleinerung
Speiseröhre	Futtertransport zum Magen
Magen	Verdauung durch Fermente
Dünndarm	Verdauung durch Fermente und Nährstoffübergang ins Blut
Blinddarm-Dickdarm	Verdauung durch Bakterien und Nährstoffübergang ins Blut

Wichtige Fachbegriffe und Maßeinheiten

Eiweiß

Alle Erzeugnisse aus Kaninchen sind eiweißartiger Natur. Deshalb muss als Baustein für diese Produkte auch Eiweiß in der Nahrung für unsere Tiere vorhanden sein. Alle Zellen des Kaninchenkörpers bestehen zu mehr oder weniger großen Anteilen aus Eiweiß. Es sind dies vor allem das Fleisch, das Bindegewebe, Haut und Fell.

Es ist wichtig zu wissen, dass dieses tierische Eiweiß einzig und allein nur aus dem Eiweiß des Futters gebildet werden kann. Chemisch gesehen, besteht Eiweiß aus langen Ketten bestimmter Grundbausteine, den Aminosäuren. Bei der Verdauung werden diese Ketten durch die Verdauungssäfte oder auch im Blinddarm durch Bakterien gespalten. Diese Aminosäuren gehen im Dünndarm und im Dickdarm in das Blut über und werden zu den Zellen, insbesondere den Muskelzellen, transportiert. Dort werden diese Bausteine zu dem arttypischen Eiweiß des Kaninchenfleisches zusammengebaut.

Für die praktische Fütterung bedeutet dies, dass Fleischansatz nur gebildet werden kann, wenn genügend Eiweiß im Futter vorliegt. Es soll hier aber gleich darauf hingewiesen werden, dass ein Überschuss an Eiweiß, sofern er längere Zeit anhält, für das Tier schädlich ist und sogar zu einer Eiweißvergiftung führen kann.

Eiweiß wird häufig auch als Roheiweiß, als Protein oder auch Rohprotein bezeichnet. Dies ist das in einem Futtermittel insgesamt enthaltene Eiweiß. Die genannten Bezeichnungen bedeuten alle dasselbe. Unter dem Begriff „verdauliches Rohprotein" ist allerdings etwas anderes zu verstehen. Gibt man beispielsweise 100 Gramm reines Rohprotein als Futter und finden sich davon 30 Gramm im Kot wieder, so sind 30 Gramm unverdaut und 70 Gramm sind in den Tierkörper übernommen worden, also verdaut. Man spricht dann von einer Verdaulichkeit von 70 %. Ob das Eiweiß auch verwertet wird, ist damit aber noch nicht bestimmt.

Die Gehalte in Futtermitteln werden meist in Prozent oder Gramm je Kilo Futter angegeben. Es ist aber darauf zu achten, ob Rohprotein oder verdauliches Rohprotein angegeben ist. Als Faustzahl kann man

Eiweiß / Energie

sich merken: 16 % Rohprotein in einem Futtermittel entsprechen ungefähr 12 % verdaulichem Rohprotein.

Energie

Für die Aufrechterhaltung der Lebensvorgänge im Tier ist unbedingt Energie erforderlich. Die Verdauungsarbeit, die Aufrechterhaltung der Körpertemperatur, die Atmung, natürlich auch der Umbau des Futtereiweißes in Kaninchenfleisch, die Fortpflanzung – bei all diesen Vorgängen wird Energie verbraucht, die über das Futter zugeführt werden muss.

Diese kommt in der Regel aus der Stärke und aus Zucker des verabreichten Futters. Stärkereiche Futtermittel wie beispielsweise Getreide bezeichnen wir deshalb auch als Kraftfutter. Ein Überschuss an Energie wird nicht ausgeschieden, sondern als Fett im Tierkörper eingelagert. Sehr verfettete Schlachtkörper deuten auf einen zu hohen Energiegehalt im Futter hin. Der Verfettungsgrad hängt allerdings auch vom Erbgut und vom Alter der Tiere ab.

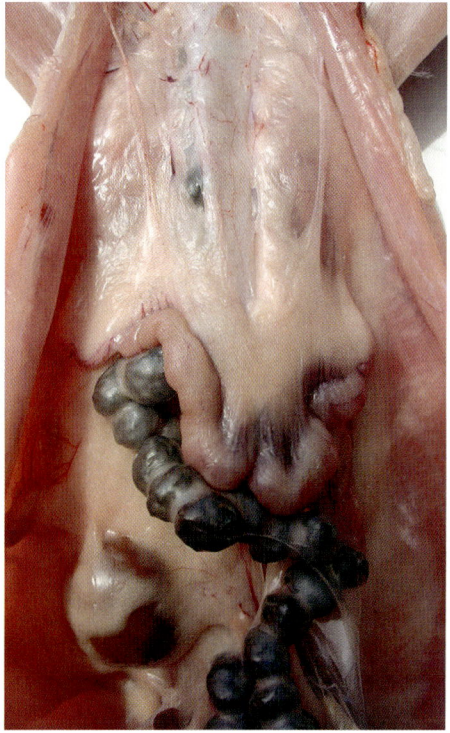

Stark verfetteter Schlachtkörper eines Kaninchens. Mögliche Ursache ist entweder eine zu große Menge Kraftfutter oder ein Kraftfutter mit zu viel Energie, wie etwa Weizen oder Mais als Einzelfutter.

Als Maß für den Brennwert eines Futtermittels, die Energie, ist vielen von uns noch die Kalorie bekannt, vor einigen Jahren wurde als neue Maßeinheit das Joule eingeführt. Dabei sind 1 Kalorie ungefähr 4 Joule. Setzt man die Begriffe Kilo vor diese Maßeinheiten, so entsteht daraus eine Kilokalorie bzw. ein Kilojoule.

Dieses Kilo hat nichts mit einem Kilogramm zu tun, sondern bedeutet einfach „Tausend". 1 Kilokalorie = 1000 Kalorien und 1 Kilojoule = 1000 Joule. Entsprechendes gilt für die Vorsilbe Mega. 1 Mega-

Wichtige Fachbegriffe und Maßeinheiten

joule sind also 1 Million Joule oder abgekürzt 1 MJ. Die Werte verdeutlicht man sich am besten durch die Energiegehalte von Futtermitteln. 1 kg Fertigfutter hat in der Regel 10 bis 11 MJ verdauliche Energie. Auf den Bedarf an Energie für unsere Kaninchen wird noch an anderer Stelle eingegangen.

Auf den Sackaufklebern von industriell hergestelltem Kaninchenfutter steht z. B. 10,5 MJ DE. DE bedeutet verdauliche Energie und kommt aus dem englischen Begriff „digestible energy". Die Verhältnisse sind die gleichen wie beim Eiweiß. Verdauliche Energie ist der Bruttobrennwert eines Futtermittels abzüglich der im Kot wieder ausgeschiedenen Energie. Auch hier wird wieder deutlich, dass die Tiere einen Teil ungenutzt über den Kot ausscheiden.

Der nur noch selten gebrauchte Begriff Stärkeeinheit (STE) ist für das Kaninchen nicht brauchbar und inzwischen kaum noch anzutreffen. In der Fachsprache ist der Begriff überholt.

Nachdem meist die Einheit Megajoule verdauliche Energie (MJ DE) verwandt wird, soll in einem anderen Kapitel mit dieser Einheit weitergearbeitet werden.

Rohfaser

Pflanzliche Futterstoffe verfügen über einen unterschiedlichen Anteil an Rohfaser. Im Prinzip handelt es sich dabei um, wie die Bezeichnung schon aussagt, Faserstoffe, aber auch um verholzte Stoffe. Chemisch gesehen besteht Rohfaser aus Zellulose, die beim Rind im Pansen, bei Pferd und Kaninchen im Blinddarm zu Stärke und Zucker abgebaut wird. Sie verfügt deshalb bei diesen Tierarten über einen gewissen Futterwert.

Darüber hinaus hat sie gerade beim Kaninchen besonders große Bedeutung. Wir wissen, dass die Verdauungsorgane des Kaninchens kaum Muskeln besitzen, um den Futterbrei bis zum Enddarm zu transportieren. Diese Faserstoffe bewirken einen gleichmäßigen Transport des Futters durch die einzelnen Darmabschnitte.

Wenn wir in der menschlichen Ernährung von Ballaststoffen sprechen, so sind diese der Rohfaser vergleichbar. Bei genauer Betrachtung des Kaninchenkots sieht man mit bloßem Auge noch kurze Fasern in den Kotpillen. Die Nahrung wird also buchstäblich durch immer wieder neue Futteraufnahme durch den Darm hindurch geschoben.

Dass dieses System sehr störungsanfällig ist, leuchtet ein. Zu konzentriertes Futter belastet den Darm, eine Verstopfung des Blinddarms ist möglich und Fehlgärungen im Blinddarm sind die Folge. Deshalb ist unbedingt auf einen ausreichenden Rohfaseranteil bei der Kaninchenfütterung zu achten. Er wird in der Regel in Prozent angegeben, für Berechnungen arbeitet man am besten mit Gramm Rohfaser je kg Futter. Heu hat etwa 25 % Rohfaser, das sind 250 Gramm je kg Heu. Kraftfutter wie Getreide enthält dagegen kaum Rohfaser, sodass dieses Futter immer mit Heu ergänzt werden muss.

Trockensubstanz

Die Trockensubstanz eines Futtermittels wird ermittelt, indem eine Probe von beispielsweise 100 Gramm exakt abgewogen wird und dann in einem Trockenschrank, ähnlich wie in einem Backofen, bei 105 Grad 12 Stunden getrocknet wird. Dabei verdunstet das Wasser und zurück bleibt die Trockensubstanz. Dasselbe bedeutet auch der Begriff Trockenmasse. Als Abkürzungen werden verwendet: TS, TM oder auch T. Es handelt sich also dabei um die Frischmasse eines Futtermittels abzüglich des darin enthaltenen Wassers.

Am Beispiel sei dies erläutert: Einwaage von 100 Gramm Gras, nach dem Trocknen erneutes Wiegen, wobei 20 Gramm ermittelt werden. Dies bedeutet, dass die Trockensubstanz 20 % beträgt und 80 % Wasser verdunstet sind. Beim Studium von Futterwerttabellen ist darauf zu achten, dass manche Tabellen die Nährstoffgehalte auf Trockensubstanz beziehen, andere auf Frischsubstanz. Die Tabellen in diesem Buch sind auf Frischsubstanz bezogen, weil dadurch der Gehalt eines Futters besser dargestellt werden kann.

Die Nährstoffgruppen eines Futtermittels				
Rohfaser	Rohfett	N-freie Extrakte	Rohprotein	Rohasche
Faserstoffe	Fette	Stärke	Eiweiße	Mineralstoffe
Cellulose	Öle	Zucker	Eiweiß-Bausteine	Spurenelemente

Nährstoffbedarf und Nährstoffaufnahme

Nährstoffbedarf und Nährstoffaufnahme von Kaninchen		
kg Lebendgewicht	Gramm Rohprotein je Tier und Tag	MJ verd. Energie je Tier und Tag
Erhaltungsbedarf		
3 kg	10	1,30
4 kg	14	1,55
5 kg	18	1,75
Wachsende Tiere		
1 kg	12	0,58
2 kg	24	1,20
3 kg	31	1,75
4 kg	42	2,38
Säugende Häsinnen	60	5,70

Bei säugenden Häsinnen steigt die Milchleistung von der 1. bis zur 3. Woche stark an, wie aus der folgenden Grafik zu entnehmen ist. Entsprechend steigt auch der Nährstoffbedarf.

Bei den Bedarfswerten für Eiweiß ist zu beachten, dass es sich in der Tabelle um Roheiweiß oder Rohprotein und nicht um verdauliches Eiweiß handelt. Für die Umrechnung in verdauliches Eiweiß sind die Werte um etwa 30 % zu vermindern.

Die Bedarfswerte für Energie sind angegeben auf der Basis der verdaulichen Energie in Megajoule DE.

Die Werte weichen in der Literatur voneinander ab, sodass die Angaben nur als Richtwerte zu betrachten sind. Sie sind letztlich abhängig von der Größe und vom Alter der Tiere, von der Temperatur und anderen Faktoren mehr.

Bei jungen Tieren kann im Eiweiß etwas vorgehalten werden. Gegen Mastende ist der Energiebedarf am höchsten, da aufgrund der zunehmenden Fettbildung im Tierkörper ein höherer Bedarf besteht.

Nährstoffbedarf und Nährstoffaufnahme

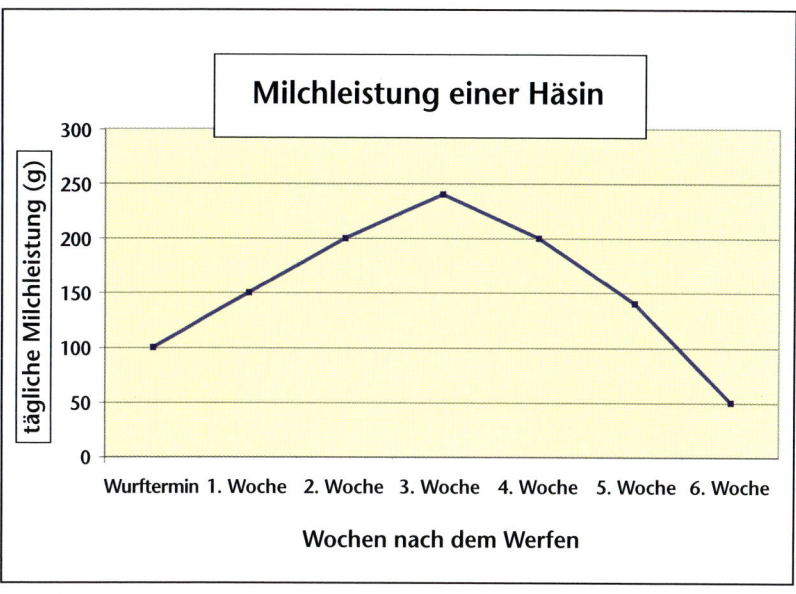

Milchleistung einer Häsin von der 1. bis zur 6. Woche. Der Höhepunkt der Leistung ist in der 3. Woche erreicht.

Nährstoffbedarf und Nährstoffaufnahme müssen im richtigen Verhältnis zueinander stehen. Dieses Verhältnis hängt ab vom Leistungszustand der Tiere. Es leuchtet ein, dass Elterntiere in der Zuchtruhe einen geringeren Bedarf haben und deshalb auch zurückhaltend gefüttert werden müssen. Das Kaninchen unterscheidet – dies ist jedem Züchter bekannt –, schmackhafte und weniger schmackhafte Futtermittel. Die Bekömmlichkeit entscheidet also mit darüber, ob ein Futter gern gefressen wird.

Nährstoffzufuhr bei freier Aufnahme eines Futtermittels (Häsin 4 kg)					
Futter mittel	Futter-aufnahme pro Tag (g)	Roh-protein (g)/kg Futter	Nähr-stoffe/kg MJ verd. Energie	Gesamtaufnahme/Tag	
				Roh-protein (g)	MJ verdauliche Energie
junges Gras	852	30	2,93	26	2,50
Rotklee, jung	2120	21	2,41	45	5,11
Luzerneheu	228	150	8,49	34	1,94
Wiesenheu	232	136	7,24	32	1,68

Nährstoffbedarf und Nährstoffaufnahme

Das Kaninchen nimmt Futtermittel je nach Bekömmlichkeit in unterschiedlichen Mengen auf. Gesamtaufnahme ist das Produkt aus gefressener Menge und Nährstoffgehalt je kg Futtermittel.

Die Tabelle veranschaulicht, dass nicht allein die aufgenommene Futtermenge entscheidend ist, sondern selbstverständlich die Nährstoffgehalte der Futtermittel eine Rolle spielen. Die letzten beiden Spalten sind das Produkt aus aufgenommener Menge und Nährstoffgehalt eines Futters. Vergleicht man die Menge der aufgenommenen Nährstoffe mit dem Bedarf (siehe Tabelle Nährstoffbedarf, S. 18) so ist zu erkennen, dass Tiere in Zuchtruhe mit gutem wirtschaftseigenem Futter auskommen.

Insbesondere säugende Häsinnen bedürfen bei der Fütterung besonderer Aufmerksamkeit.

Futtermittelkunde

In der Fütterung unterscheidet man zwischen Grundfutter und Kraftfutter. Zum Grundfutter zählen vor allem die wirtschaftseigenen Futtermittel. Sie bestehen in der Kaninchenfütterung aus Grünfutter und den daraus hergestellten konservierten Futtermitteln wie Heu und Silage. Unter Kraftfutter versteht man Getreide, Mais und verschiedene Handelsfuttermittel, zum Beispiel pelletierte Zuckerrübenschnitzel und Kleie. Auch zum Kraftfutter zählen die Eiweißfuttermittel, in erster Linie Sojaschrot, aber auch Erbsen und Ackerbohnen. In diesem Abschnitt sollen nicht nur die Futtermittel als solche beschrieben werden, sondern auch ihre Eignung für das Kaninchen. Bei den wirtschaftseigenen Grundfuttermitteln wird gleichzeitig die Heu- und Silagebereitung ausführlich behandelt.

Wirtschaftseigene Futtermittel

Kaninchenzucht ist ein Hobby, bei welchem die Natur Familienanschluss hat, deshalb wollen wir auch gerne das Angebot der Natur zur Gewinnung preiswerter und gesunder Futtermittel annehmen. Wir sollten mit diesem wertvollen Angebot der Natur sachkundig umgehen. Grundsätzlich gilt, dass die Fütterung pflanzlicher Produkte ausgewogen und mit Augenmaß erfolgen sollte. Im Abschnitt über die Bedeutung der Rohfaser wurde schon darauf hingewiesen, dass die Faserstoffe von großer Bedeutung für die Funktion der Verdauung sind. Deshalb empfiehlt sich, stets für die Beifütterung von Heu zu sorgen, wenn Pflanzen wie Rüben, Wurzeln und Knollen gefüttert werden. Alle Kohlarten, aber auch junges Gras sind sehr rohfaserarm, sodass grundsätzlich immer Heu zusätzlich angeboten werden muss.

Frisches Grünfutter

Für Grünfutter gilt, dass der Nährstoffgehalt bezogen auf die Trockenmasse im Laufe des Wachstums ständig abnimmt, dabei steigt der Rohfasergehalt, die Verdaulichkeit sinkt durch zunehmende Verholzung.

Der Futterwert von Wiesengras hängt einerseits von der Zusammensetzung des Pflanzenbestandes ab, andererseits ist der Schnittzeit-

Futtermittelkunde

Wegen seines hohen Kräuteranteils idealer Grasbestand für die Grünfütterung.

punkt für den Nährstoffgehalt entscheidend. Kräuterreiche Wiesen sind für die Grünfütterung ideal, da dieses Futter besonders gern aufgenommen wird. Junges Gras ist sehr eiweiß- und wasserreich, dies ist für die Verfütterung nicht unproblematisch.

Fehlende Rohfaser und zu viel Eiweiß sind eine häufige Ursache für Verdauungsstörungen. Deshalb sollte eigentlich immer eine zweite Raufe mit Heu in der Bucht angebracht sein. Als Kraftfutter eignet sich insbesondere Getreide wie Gerste und Weizen, um den Energiebedarf für die Eiweißverdauung zu decken. Trockenschnitzel aus der Zuckerherstellung sind ebenfalls gute Energielieferanten. Heu muss die fehlende Rohfaser ergänzen. Masttiere, aber auch wachsende Zuchttiere müssen, zwar in unterschiedlicher Menge, eine Ergänzung durch Kraftfutter erhalten.

Mit zunehmendem Alter des Grünfutters steigt der Rohfasergehalt und die Zufütterung von Heu ist nicht mehr notwendig. Der Futterwert von Gras ist nicht zu unterschätzen. 1 kg junges Wiesengras hat 30 Gramm Roheiweiß und einen Energiegehalt von 3 MJ an verdaulicher Energie. Dies entspricht ungefähr dem Nährstoffgehalt von

Wirtschaftseigene Futtermittel

200 Gramm Kaninchen-Fertigfutter. Das bedeutet umgerechnet immerhin einen Betrag von 0,10 € je kg Gras, wenn man davon ausgeht, dass die Nährstoffe nicht aus dem Gras, sondern aus Fertigfutter zu einem Preis von 0,50 € je kg angeboten werden müssten.

Es muss zugegeben werden, dass die Verfütterung von Grünfutter mehr Aufmerksamkeit erfordert, als die Alleinfütterung mit Heu, Wasser und Pellets. Hinsichtlich der Vitamine ist man aber während der Periode der Grünfütterung alle Sorgen los. Besonders das für die Fruchtbarkeit so wichtige Beta-Karotin, die Vorstufe des Vitamins A, mit seiner Schleimhaut schützenden Funktion, ist im Grünfutter reichlich vorhanden. Nur Mineralstoffe können zusätzlich gegeben werden.

Als Risiken der Grünfütterung sind am meisten bekannt die gefürchteten Blähungen. Dies liegt an fehlender Rohfaser sowie in der Verfütterung von erwärmtem Futter begründet. Ein Blick auf die Beschaffenheit des Kotes gibt über beginnende Verdauungsstörungen Auskunft. Nicht selten ist aber Trinkwasser, das sich mehrere Tage in den Tränkflaschen befindet, die Ursache. Solch abgestandenes Trinkwasser wird in der Wärme zur wahren Brutstätte für Bakterien.

Erwärmungen im Futter deuten auf beginnende Gärungserscheinungen und Eiweißverderb hin. Deshalb sollte nasses Grünfutter nicht fest in die Raufe gepresst werden. Durch Deckel oder Türschließraufen muss das Liegen der Kaninchen auf dem Futter verhindert werden. Geschnittenes Grünfutter sollte vor dem Füttern nicht mehr als 12 Stunden lagern. Wenn die Lagerung schon nicht zu vermeiden ist, dann nicht höher als 15 bis 20 cm, am besten aber auf Lattenrosten.

Durch die Trocknung und das Abbröckeln der Blätter enthält Heu 50 % weniger Nährstoffe.

Futtermittelkunde

Hier wird eine ausgediente Leiter als Lagerrost für feuchtes Grünfutter benutzt, um Erwärmung zu verhindern.

Weitere Risiken liegen in der Übertragung von Krankheiten. Wenn Wildkaninchen oder Feldhasen ebenfalls in der Wiese anzutreffen sind, ist es nicht grundsätzlich auszuschließen, dass Krankheiten über das Futter in den Stall geschleppt werden. Obwohl immer wieder behauptet, wird in der Fachliteratur aber kein Fall einer solchen Ansteckung bewiesen, sodass letztlich die Gefahr gering zu sein scheint.

Vorsicht ist auch geboten bei der Grünfuttergewinnung auf fremden Obstbaumgrundstücken oder bei eigenen Wiesen, die an solche angrenzen. Falls die Obstbäume erst kurze Zeit vor dem Mähen des Grases mit Pflanzenschutzmitteln behandelt wurden, kann Spritznebel auch auf das Gras gelangen. Dies führt unter Umständen, je nach Mittel, zu Verdauungsstörungen, aber auch zu regelrechten Vergiftungen bei unseren Tieren.

Die Mittel sind nach einigen Wochen wieder abgebaut, trotzdem ist Vorsicht angeraten. Allerdings muss erwähnt werden, dass nicht alle Pflanzenschutzmittel giftig sind, und die Wirkstoffe unterschiedlich schnell abgebaut werden. Im Zweifel sollte man solches Gras aber nicht verfüttern.

Nach eigenen Erfahrungen wird von den Kaninchen auch bei Grünfütterung Wasser angenommen. Besonders dann, wenn noch Kraftfutter angeboten wird. Das Tränken sollte eigentlich, auch aus Tierschutzgründen, Selbstverständlichkeit sein.

Wirtschaftseigene Futtermittel

Luzerne und Kleearten

Zur Gruppe der Leguminosen gehören die Luzerne, Rotklee und Wicken. Wegen ihrer Fähigkeit den Stickstoff mithilfe der Knöllchenbakterien zu binden, gehören sie zu den eiweißreichsten Futterpflanzen überhaupt. Bei jung geschnittenen Leguminosen zur Grünfütterung ist Vorsicht vonnöten, da sie bei ausschließlicher Fütterung leicht zu Blähungen führen. Es ist deshalb immer zusätzlich ein energiereiches Kraftfutter, wie etwa Gerste, und Heu zuzufüttern.

Der beste Schnittzeitpunkt zur Heugewinnung ist der Beginn der Blüte. Nach der Blüte verholzen diese Futterpflanzen und der Futterwert sinkt stark ab. Allein die sehr wertvolle Luzerne lohnt den Arbeitsaufwand für die im nächsten Abschnitt beschriebene Methode der Reutertrocknung.

Heu, das tägliche Brot unserer Kaninchen!

Raufutter
Alle grünen Pflanzen bilden im getrockneten Zustand das Raufutter. Die Verdaulichkeit der einzelnen Nährstoffe und ihre diätetische Wirkung sind im Heu gegenüber der grünen Pflanze vermindert. Trotzdem ist gutes Heu sehr bekömmlich und für eine ordnungsgemäße Verdauung unverzichtbar. Seine hohen Nährwerte und sein Gehalt an Kalzium und Magnesium sind für die Winterfütterung und für die Jungtieraufzucht von großer Bedeutung. Es muss immer als Beifutter zur Verfügung stehen.

Frisches Heu
Wenn die Gräser getrocknet und als Heu eingelagert sind, strömt aus diesem frischen Heu ein intensiver Geruch, der gelegentlich sogar Benommenheit herbeiführen kann. Durch das Lagern macht das Heu verschiedene Prozesse durch, dabei „schwitzt" es sich aus. Dieses Schwitzen dauert 6 bis 8 Wochen und verringert den starken Geruch und den ebenfalls vorhandenen strengen Geschmack. Vor dem Verfüttern nicht abgelagerten Heus muss unbedingt gewarnt werden, es kann Darmstörungen, Koliken oder Fieber zur Folge haben. Pro Kaninchen werden im Jahr etwa 19 kg Heu benötigt. Bei zweimaligem Schnitt der Wiese werden 1 kg von 2 m^2 geerntet. Man braucht für die Ernährung eines Kaninchens also rund 40 m^2 Wiese.

Altes Heu
Es büßt – je länger es liegt – an Farbe, Geruch und Geschmack ein. Je mehr es austrocknet und verholzt, umso schwerer verdaulich wird es.

Da mit der Zeit kleinste Stängel und Blattteilchen abfallen, schwindet es und entwickelt Staub (Eiweißzersetzung). Dadurch werden die oberen Luftwege gereizt; durch das Einatmen der feinen Staubteilchen können die Kaninchen erkranken („Niesen"). Man sollte altes Heu so verfüttern, dass es aufgebraucht ist, wenn das neue Heu eingebracht wird. Monatlich verliert das Heu je nach Lagerung etwa 5–8 % seiner Nähr- und Wirkstoffe. Daher sollte zunächst der erste Schnitt und dann erst der zweite Schnitt, das Öhmd, verfüttert werden. Dieses muss schon bei der Einlagerung beachtet werden.

Klee- und Leguminosenheu
Klee und Leguminosen ergeben das hochwertigste Raufutter dann, wenn sie zur Zeit ihres höchsten Eiweißgehaltes gemäht werden, das ist kurz vor Beginn der Blüte. Dieses Heu übertrifft das Wiesenheu hinsichtlich des Eiweißgehalts. Für säugende Häsinnen und für Jungtiere nach dem Absetzen ist es uns hochwillkommen.

Laubheu
In futterarmen Jahren wird als Beifutter auch das getrocknete Laub unserer Bäume geschätzt. Am liebsten fressen die Tiere die getrockneten Blätter von Pappeln, Linden, Weiden, Eschen und Erlen. Eichenlaub, das wegen seines Gehaltes an Gerbsäure bitter schmeckt, wird nicht immer gern aufgenommen. Es ist ein Gegenmittel bei Durchfällen, vor allem, wenn man es zusammen mit den Zweigen und der Eichenrinde gibt.

In der Kaninchenzucht ist Heu wohl der Bestandteil in der Fütterung, welcher am häufigsten eingesetzt wird und für die Tiergesundheit am wichtigsten ist. Dies ergibt sich aus dem Verdauungsapparat unserer Kaninchen. Heu verfügt mit seinem hohen Rohfaser- und Strukturanteil über die besten Voraussetzungen, um den Transport des Futters durch den Magen- und Darmtrakt in der richtigen Funktion zu halten. Wenn nun schon Heu fast unersetzlich für uns in der Fütterung ist, so sollte auch der Nährstoffgehalt so hoch wie möglich sein. Unter Nährstoffen verstehen wir hier vor allem den Energieanteil und das Eiweiß, ebenso aber auch die Mineralstoff- und Vitamingehalte. Bei unserem Hobby sollten auch wir uns zur Gewohnheit machen, unter wirtschaftlichen Gesichtspunkten zu füttern. Deshalb ist es wohl sinnvoll , wenn schon selbst Heu gemacht wird, ein Heu mit hohen Nährstoffgehalten zu erzeugen, das mehr bietet, als nur die Verdauung zu unterstützen.

Der Nährstoffgehalt von Heu hängt ab vom Erntezeitpunkt, von der Zusammensetzung des Pflanzenbestandes, von den Witterungsbedingungen bei der Ernte und von der Art der Trocknung.

Heu von grasreichen Wiesen

Futtermittel	verdauliches Rohprotein (g)	verdauliche Energie (MJ)
1. Schnitt in der Blüte (jung)	59	7,99
1. Schnitt Ende der Blüte (älter)	44	6,84
2. Schnitt sehr jung	84	8,84
2. Schnitt älter	72	8,19

Betrachten wir den Schnitt- oder Erntezeitpunkt, auf den wir sicher noch den größten Einfluss haben, zuerst. Dass der Schnittzeitpunkt den größten Einfluss auf die Nährstoffgehalte hat, ist der vorstehenden Tabelle über die Eiweiß- und Energiegehalte von Heu zu entnehmen.

Bei der Beurteilung der aufgeführten Werte ist zu beachten, dass Nährstoffgehalte hohen Schwankungen unterliegen. Sie können daher nur als Durchschnittswerte betrachtet werden.

Die Eiweißgehalte sind angegeben in Gramm verdaulichem Protein, die Energiegehalte in Megajoule verdauliche Energie.

Die Kaninchenzüchter wissen um den Wert von Klee und Kräutern, weil diese Futterpflanzen von unseren Kaninchen am liebsten gefressen werden. Aber nicht nur der Geschmack ist wichtig, es zeigt sich auch, dass Heu von solchen Wiesen einen höheren Nährstoffgehalt hat, wie der nachstehenden Tabelle zu entnehmen ist.

Heu von klee- und kräuterreichen Wiesen

Futtermittel	verdauliches Rohprotein (g)	verdauliche Energie (MJ)
1. Schnitt in der Blüte (jung)	73	7,98
1. Schnitt Ende der Blüte (älter)	57	6,90
2. Schnitt sehr jung	114	8,84
2. Schnitt älter	92	8,47

Futtermittelkunde

Bodentrocknung von Heu. Schonende Bearbeitung zur Vermeidung von Bröckelverlusten ist erforderlich.

Wie wirkt sich nun der Schnittzeitpunkt aus? Beim 1. Schnitt geht durch die spätere Ernte der Eiweißgehalt um 25 % zurück. Der Energiegehalt geht um 15 % zurück. Beim 2. Schnitt, der meist als Öhmd oder Krummet bezeichnet wird, liegen die Verhältnisse ähnlich.

Kräuterreiches Heu unterscheidet sich von grasreichem Heu durch einen deutlich höheren Eiweißgehalt. Bei allen Schnitten liegt der Eiweißgehalt kräuterreichen Heus rund 20 % höher.

Der Schnittzeitpunkt kann am leichtesten dem Pflanzenstadium angepasst werden, wenn nicht gerade eine Schlechtwetterperiode eine Bergung unmöglich macht. Für die Heuernte eignet sich aus den oben genannten Gründen die Zeit des Rispen- und Ährenschiebens bei den Hauptgräsern, spätestens aber deren Blühbeginn. Landläufig sagt man zu Recht, bei „Bierflaschenhöhe" schneiden. In diesem Stadium erreicht man einen guten Masseertrag, ohne dass Eiweiß- und Energiegehalt schon zu stark gemindert sind.

Es ist sicher deutlich geworden, dass kräuterreiches Heu höhere Nährstoffgehalte hat. Neben den Bedingungen von Standort und Klima, beeinflusst die Bewirtschaftung die Zusammensetzung des Pflanzenbestandes erheblich. Vor allem intensive Nutzung bei reichlicher Düngung mit zahlreichen Schnitten führt zu fast reinen Grasbeständen, die sich aus nur wenigen Pflanzenarten zusammensetzen. Wir wünschen uns aber einen vielseitigen Grasbestand, weil sich damit positive und negative Eigenschaften einzelner Pflanzenarten am ehesten ausgleichen. Positive Eigenschaften sind zum Beispiel Gehalte an Mineralstoffen und Spurenelementen, negative Eigenschaften sind Begleitstoffe mit einem unangenehmen Geschmack oder in seltenen Fällen auch Giftstoffe.

Unter den technisch möglichen Heuwerbungsarten gibt es wohl für uns Kaninchenzüchter nur zwei, die praktikabel sind. Die verbreitetste ist die Bodentrocknung. Die Nährstoffverluste an Eiweiß und Energie liegen hier zwischen 30 und 50 % im Vergleich zum frischen Grünfutter. Sie kommen zu Stande durch Bröckelverluste, leider vor allem bei den Kräutern, und durch die Auswaschung löslicher Nährstoffe bei Regen. Nach dem Mähen ist gleichmäßiges Verteilen des Grüngutes und schonender Umgang mit dem Heu bis zur Einlagerung wichtig.

Für die Kaninchenzüchter, welche den hohen Arbeitsaufwand nicht scheuen, bietet sich die Reuter- oder Gerüsttrocknung an. Hier wird das Futter nach dem Anwelken – je nach Witterung – etwa 1 bis 2 Tage

Trocknung von Heu auf Reutern.

Futtermittelkunde

nach dem Mähen auf verschiedenartige Holzgerüste (Dreibockreuter, Heinzen) oder auf zwischen Pflöcken ausgespannte Drähte aufgehängt, um dem Wind eine größere Angriffsfläche zu bieten. Dadurch wird die Abhängigkeit von der Witterung herabgesetzt. Besonders bei kräuterreichem Heu halten sich die Verluste durch das Abbröckeln der dürren Blätter eher in Grenzen, da die vollständige Trocknung erst auf den Reutern erfolgt, und das Heu nicht mehr gewendet und bewegt werden muss. Erst nach einigen Wochen wird es in die Scheune eingelagert. Mit dieser Methode lässt sich eine bessere Heuqualität erzeugen. Auf den Almen wird das Heu meist auf diese Art getrocknet, sodass sich der Begriff vom guten Almheu eingebürgert hat.

Auch wirtschaftlich ist die Bedeutung guter Heuqualität nicht zu unterschätzen. Im Nährstoffgehalt entspricht 1 kg gutes Heu ungefähr 500 Gramm Fertigfutter, 1 kg schlechtes Heu nur etwa 300 Gramm Fertigfutter. Damit kann der Wert des Heus im Vergleich zum Fertigfutter leicht auch in Geld ausgedrückt werden.

Heu ist demnach nicht nur als Ballastfutter anzusehen, sondern auch als wertvoller Eiweiß- und Energielieferant. Ebenso sind natürliche Mineralstoffe wie Kalzium und Phosphor enthalten und in begrenztem Maße auch Vitamine. Letztere bauen sich allerdings in kurzer Zeit durch die Lagerung ab und können kaum angerechnet werden.

Bereitung von Gärfutter

Die Silierung von Futtermitteln ist in der Landwirtschaft weit verbreitet. Auch unter Kaninchenzüchtern hört man gelegentlich von diesem Verfahren und auch in der Fachliteratur wird von Zeit zu Zeit davon berichtet.

Unter Abschluss von Luftsauerstoff lassen sich besonders stärke- und zuckerhaltige Futtermittel zu Silage vergären. Dabei wird die Stärke zunächst zu Zucker gespalten und danach zu Milchsäure vergoren. Diese Milchsäure verleiht den Silagen ihren charakteristischen sauren Geruch. Schlechte Silagen riechen nach Essigsäure, missratene Silagen nach Buttersäure.

Silieren lassen sich Grünfutter, gehäckselte Maispflanzen, gedämpfte Kartoffeln. Wegen der aufwändigen Häckseltechnik kommt die Silierung von Mais für uns kaum in Frage.

Die Silierung von Grünfutter verlangt sehr viel Sorgfalt und aufwendige Maßnahmen für den Luftabschluss.

Da die Nährstoffverluste geringer als bei der Heubereitung sind, soll die Silierung von Grünfutter näher beschrieben werden. Es wird aber dringend davor gewarnt, gleich größere Mengen als Wintervorrat anzulegen, bevor man das Verfahren ausprobiert hat.

Besonders kräuterreiche Wiesen haben den Nachteil, dass bei der Heubereitung durch Bröckelverluste mehr als 50 % der Nährstoffe verloren gehen. Deshalb wäre hier eine sinnvolle Möglichkeit, das Gras zu silieren, weil hier die Nährstoffverluste deutlich geringer sind.

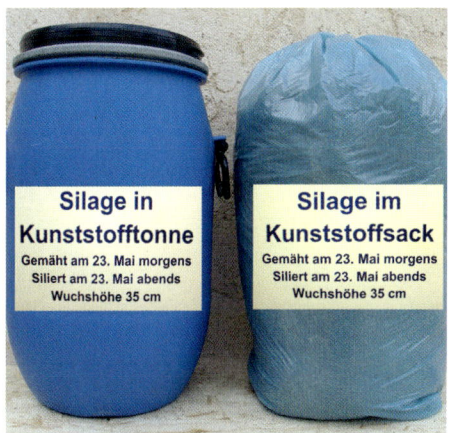

Silagebereitung aus Wiesengras in Kunststofftonnen und Kunststoffsäcken. Beide müssen absolut luftdicht verschließbar sein. Der Kunststoffsack muss absolut stabil sein und darf nach dem Befüllen keine Löcher aufweisen.

Das Gras wird gemäht und gleichmäßig verteilt. Man lässt es je nach Witterung 1 bis 2 Tage liegen, sodass es gut welk ist. Das Problem ist, dass der günstigste Wassergehalt für eine gute Silage bei 70% liegt. Ist das Futter zu feucht, vergärt es schlecht, riecht nach Essig und schimmelt. Ist es bei der Einlagerung zu trocken, lässt es sich schlecht verdichten, die Luft bleibt im Futter und die Silage schimmelt ebenfalls. Als Faustregel kann gelten, dass der Silierzeitpunkt dann richtig ist, wenn bei Temperaturen um 25 Grad die Anwelkdauer bei jungem Futter einen Tag beträgt.

Es wurde bereits dargelegt, dass die Silagebereitung technisch aufwändig ist. Für die Bereitung kleiner Mengen eignen sich am besten fest verschließbare Kunststofffässer mit Spannverschluss. Etwa 75 bis 100 Liter Inhalt sind gerade richtig. Das angewelkte Futter wird so fest wie möglich in die Fässer gebracht, eintreten oder stampfen ist wohl die einzige Möglichkeit. Etwas abenteuerlich hört sich ein Verfahren an, den Luftsauerstoff möglichst vollständig aus dem Fass zu entfernen. Nach dem Befüllen, vor dem Aufsetzen des Deckels, wird ein Blatt brennende Zeitung auf die Futteroberfläche gelegt und dann der Deckel aufgesetzt. Die Flamme verbraucht den noch vorhandenen Sauerstoff und erstickt dann selbsttätig. Aus Kostengründen kommen nur gebrauchte Fässer in Frage. Trotzdem wird der Zeitaufwand und die Ausgabe für die Fässer kaum durch den höheren Nährstoffgehalt ausgeglichen.

Futtermittelkunde

Eine andere Lösung bietet die Silierung des Futters in festen, luftdichten Kunststoffsäcken. Im Landhandel gibt es glasfaserverstärkte Kunststoffsäcke. Einfache Säcke haben keinen Wert, da sie durch harte Pflanzenstängel sofort beschädigt werden, und dann Luft an das Futter gelangt. Das Futter wird ebenfalls fest in die Säcke gepresst und diese dann fest und unbedingt dicht zugebunden. Bei eigenen Versuchen war die Silage in den Säcken mit derjenigen in Fässern hinsichtlich der Qualität vergleichbar.

Frühestens 8 Wochen nach der Einsilierung kann dieses Futter verfüttert werden. Üblicherweise wird aber erst im Oktober mit der Verfütterung begonnen, denn der hohe Aufwand soll letztlich der Konservierung von Futter für den Winter dienen.

Bei der Verfütterung ist mit kleinen Mengen zu beginnen. Anfangs ist die Aufnahme gering, nach etwas Gewöhnungszeit gibt es aber damit keine Probleme mehr. In den Behältern ist immer wieder auf Schimmel zu achten, und nach der Futterentnahme sind diese wieder zu verschließen. Gefrorene und verschimmelte Silage darf nicht verfüttert werden.

Die Silierung von gekochten Kartoffeln geschieht im Prinzip auch wie oben dargestellt. Wer einmalig einen größeren Kartoffelvorrat dämpfen kann, findet mit der Einlagerung in Fässer eine brauchbare Möglichkeit der Konservierung. Da Kartoffeln sehr stärkereich sind und damit auch einen recht hohen Futterwert haben, ist kaum mit Fehlgärungen zu rechnen, wenn der Behälter luftdicht verschlossen ist.

Die Aufnahme der silierten Kartoffeln durch die Kaninchen war im Versuch gut. Diese Kartoffelsilage lässt sich leicht mit Getreide, Kleie und Mineralfutter mischen. Wegen des geringen Rohfaseranteils ist die Kartoffelsilage unbedingt mit Heu zu ergänzen. Das Eiweiß muss mittels Sojaschrot, etwa 15 bis 20 %, ergänzt werden, da sonst die Tiere verfetten.

Insgesamt kann wegen der vielen Probleme die Silierung von Grünfutter nur in kleinen Mengen empfohlen werden. Die Bereitung von Silage aus ganzen Maispflanzen ist in kleinem Maßstab nicht möglich, da die Pflanzen vorher auf etwa 3 cm gehäckselt werden müssen. Einzige sinnvolle Möglichkeit ist die Silierung von gedämpften Kartoffeln, deren hoher Energiegehalt den Aufwand auch lohnt.

Futterrüben

Bei den Futterrüben werden Massenrüben und Gehaltsrüben unterschieden. Die Gehaltsrübe hat etwa 25 % mehr Energie. Die Rübe besteht zu 86 % aus Wasser und wird deshalb gerne als Saftfuttermittel verwandt. Rüben enthalten praktisch kein Eiweiß, sondern nur Zucker und Mineralstoffe. Der gesamte Energiegehalt kommt aus dem in der Rübe enthaltenen Zucker.

Wenn keine gefrorenen Rüben verfüttert werden, gibt es damit kaum Schwierigkeiten. Dagegen können zur Zuckergewinnung angebaute Zuckerrüben wegen ihres höheren Zuckergehaltes bei zu großen Gaben zu Durchfällen führen. Die Blätter sind zwar auch mit gewissen Einschränkungen als Futter geeignet, werden aber nicht gerne gefressen.

Außerdem führen sie gelegentlich auch zu Durchfällen, weil sie sehr wenig Rohfaser besitzen. Weiterhin führt die Verfütterung von Rübenblättern in zu großen Mengen zu Kalzium-Mangel bei den Kaninchen, da die Blätter Oxalsäure enthalten, die sich mit dem Kalzium zu einem Salz verbindet und daher mit dieser Verbindung auch vermehrt Kalzium ausgeschieden wird.

Einige Futterrübenpflanzen haben auch in der kleinsten Ecke des Gartens noch Platz und sind dabei ziemlich anspruchslos.

Rüben sind sehr frostempfindlich, sie keimen erst bei Temperaturen über 7°C. Die Samen können im zeitigen Frühjahr bereits im Blumenkasten angesät werden, wenn sie nachts vor Kälte geschützt werden. Die Pflänzchen haben dann bereits einen Wachstumsvorsprung, wenn sie ins Freiland umgesetzt werden. Rüben wachsen gut auf humusreichen, tiefgründigen Lehmböden. Sie sind sehr empfindlich gegenüber Wassermangel. Gerade in der Phase des Anwachsens kann es bei entsprechender Witterung erforderlich sein, die Pflanzen gelegentlich zu gießen.

Ackerfutter

Unter den Kaninchenzüchtern gibt es auch zahlreiche Gartenliebhaber. Wer einen Teil seines Schrebergartens zur Futtergewinnung für seine Tiere nutzen will, hat mit dem Anbau von Ackerfutter eine ertrag- und nährstoffreiche Lösung gefunden. Unter Ackerfutter versteht man den Anbau von Gräser- und Kräutermischungen zur Nutzung für 1 bis 2 Jahre. Innerhalb der Fruchtfolge wird dann nach diesem Zeitraum die Anbaufläche gewechselt. Das heißt, die nachfolgende Ansaat von Ackerfutter erfolgt auf einem anderen Teilstück des Gartens. Dieses Verfahren des Fruchtwechsels war früher unter der Bezeichnung Dreifelderwirtschaft bekannt.

Der Vorteil des Anbaus von Ackerfutter ist, dass besonders ertrag- und nährstoffreiche Pflanzen angebaut werden. Weiterhin ist das Pflanzenwachstum besser, weil die Anbaufläche ständig gewechselt wird. Aber auch die Folgepflanzen, z. B. Kartoffeln, profitieren davon, weil diese den im Boden angesammelten Stickstoff nutzen können. Klee und andere Leguminosen sammeln nämlich mithilfe der Knöllchenbakterien Stickstoff im Boden an, der den danach angebauten Pflanzen als Nährstoff dient.

Mischungen aus Leguminosen und wertvollen Gräsern, hier Luzerne und Weidelgras, sind ausgezeichnete Nährstofflieferanten und lassen 5 Schnitte im Nutzungsjahr zu.

Wirtschaftseigene Futtermittel

Futtererbsen sind hochwertige Eiweißträger und lassen sich sowohl grün als ganze Pflanze sowie auch getrocknet als Körner verfüttern.

Saatgut erhält man in landwirtschaftlichen Lagerhäusern und im Landhandel. Es werden nur sehr geringe Mengen für die Aussaat benötigt. Für 1 Ar, das sind 100 m² benötigt man eine Menge von etwa 250 Gramm Saatgut.

Andere wirtschaftseigene Futtermittel

Das Kaninchen ist durch seine Anlage zur Verwertung rohfaserreicher Futtermittel ein guter Abfallverwerter. Fast alle Gartenabfälle, sofern die Pflanzenteile sauber und einwandfrei frisch sind, eignen sich zur Verfütterung. Verschmutzte, stark angewelkte, angeschimmelte und angefaulte Pflanzen gehören auf den Kompost. Hat man im Garten chemische Pflanzenschutzmittel eingesetzt, so muss die auf der Packung angegebene Wartezeit unbedingt eingehalten werden. Auch mit frischem, noch unverrottetem Mist gedüngte Pflanzen sollten nur verfüttert werden, wenn sie nicht mit dem Mist in Berührung gekommen sind. Dies gilt besonders für Wurzeln und Ähnliches. Im unverrotteten Kaninchendung sind zwangsläufig Wurmeier, Bakterien und Parasiten, die auf diese Weise wieder in die Nahrungskette des Tieres gelangen würden. Es scheint aber geraten, und dies ist bei Garten- und Küchenabfällen wichtiger als sonst, immer nur geringe Mengen dieser Abfälle zu füttern und niemals einseitig solche Futtermittel zu geben.

Futtermittelkunde

Die grüne Maispflanze ist ein gerne aufgenommenes Futter. Sie steht ab Juli bis in den Oktober hinein zur Verfügung, wenn das Wachstum von Wiesengras bereits beendet ist.

Am wenigsten Probleme gibt es, wenn genügend Heu zugefüttert wird. Der Verfasser hat in einem besonders trockenen Sommer wegen Mangels an Grünfutter über 4 Wochen lang seinen Bestand mit den Trieben und Blättern von Haselnusssträuchern versorgt. Durch Beifütterung von Heu und der selbst zusammengestellten, bereits beschriebenen Mischung 1 (siehe Seite 55) hat es dabei überhaupt keine Probleme gegeben.

Dies ist sicher ein extremes Beispiel, zeigt aber, dass bei Beachtung einiger Grundregeln das Kaninchen im Grunde hinsichtlich der Fütterung ein anspruchsloses Tier ist. Es ist daher für die Tiere ein Leckerbissen, wenn im Herbst oder Frühjahr Abfälle von Baumschnitt anfallen und diese in kleinen Mengen gefüttert werden. Darüber hinaus wird auch das immer vorhandene Nagebedürfnis befriedigt.

Getreide

Getreide soll nicht früher als 8 Wochen nach der Ernte verfüttert werden. Es macht wohl in dieser Zeit noch einen „Schwitzprozess", das ist eine Art Gärung, durch und soll deshalb bei Kaninchen zu Magen-Darm-Störungen führen. Zu feucht eingelagertes Getreide kann schimmelig werden, es riecht dann muffig und wird schlecht gefressen. Schimmeliges Getreide ist am Geruch und auch am Aussehen leicht zu erkennen. Solches Getreide kann schwere Schäden hervorrufen und neben Verdauungsstörungen auch zum Verwerfen und vielen anderen gesundheitlichen Problemen der Tiere führen.

Es ist bekannt, dass mit unterschiedlich zusammengesetzten Mischungen von Getreide und dem besonders eiweißhaltigen Sojaschrot sehr konzentrierte Kraftfuttermischungen zusammengestellt werden können, die gekauftem Fertigfutter hinsichtlich Energie- und Eiweißgehalt überlegen sind.

Für die Herstellung dieser Mischungen sind zunächst Kenntnisse der Eigenschaften der einzelnen Getreidearten und von Eiweißfuttermitteln notwendig.

Hafer

Hafer hat zwar eine schlechtere Verdaulichkeit, das heißt, die vorhandene Energie wird weniger als bei anderen Getreidearten ausgenutzt, wird aber von Kaninchen recht gerne gefressen. Die Spelzen, die in der Hauptsache aus Rohfaser bestehen, machen fast 30 % des Korngewichts aus. Gerade dies aber ist für das Kaninchen wichtig, da die Rohfaser die Bewegungen von Magen und Darm anregt.

In der Literatur sind keine Angaben über die fruchtbarkeitsfördernde Wirkung zu finden, trotzdem ist es eine alte Erfahrung von Züchtern aller Tierarten, dass sich Hafer günstig auf den Geschlechtstrieb von Häsinnen und Rammlern auswirkt. Dies mag zuweilen auch lästig sein, da besonders Rammler kleinerer Rassen zu früh geschlechtsreif und damit unruhig werden und beizeiten getrennt werden müssen. Die Schale des Hafers enthält Schleimstoffe mit günstiger Wirkung auf die Eiweißverdauung und die Schleimhäute des Darms.

Haferflocken sind recht teuer, da die Spelzen in der Verarbeitung entfernt werden. Die Verfütterung dieses an sich teuren Futtermittels ist eigentlich nur bei Jungtieren oder als Diätfutter sinnvoll, da nicht einzusehen ist, was sie gegenüber Hafer wertvoller machen soll, was ei-

Futtermittelkunde

nen höheren Preis rechtfertigen würde. Im Gegenteil, die Spelzen sind uns als Rohfaserträger zu wichtig, um sie vorher zu entfernen.

Gerste

Wintergersten sind Gerstensorten, die bereits im Herbst gesät werden. Es sind durchweg Futtergersten mit besonders hohem Eiweißgehalt. Durch hohen Stärkeanteil und wenig Spelzen sind sie deutlich energiereicher als Hafer. Gerste bietet sich deshalb besonders zur Ergänzung von Grünfutter an.

Sommergerste wird erst im Frühjahr gesät und wird in der Regel als Braugerste verwendet und hat weniger Eiweiß als Wintergerste.

Weizen

Weizen wird zunehmend billiger und deshalb mit wachsendem Anteil verfüttert. Abgesehen von Maiskörnern ist Weizen die energie- und eiweißreichste Getreideart. Bezogen auf Eiweiß und Energie entspricht 1 kg Weizen etwa 1,3 kg Fertigfutter. Bezogen auf Eiweiß etwa 0,7 kg

Futtermittel, die sich zur Herstellung von Kraftfutter eignen. Auch Milchvieh-Pellets lassen sich beimischen.

Fertigfutter. Bedenkt man, dass 100 kg Weizen für ungefähr 25 € zu kaufen sind, so ist leicht abzuschätzen, um wie viel teurer derselbe Nährstoffgehalt aus Fertigfutter in der Summe wäre.

Roggen

Roggen wird nur noch selten angebaut und deshalb kaum verfüttert. Im Übrigen wird er von fast allen Tierarten wegen seines herben Geschmacks ungern gefressen.

Maiskolben und -körner

Bei Mais handelt es sich um einen reinen Stärketräger, welcher nur Energie in Form von Stärke enthält. Mais enthält so gut wie kein Eiweiß. Maiskolben sind für Kaninchen ein Leckerbissen. Bei häufiger Fütterung muss auf eine Ergänzung von Eiweiß geachtet werden, sei es in Form von Grünfutter oder auch etwas Sojaschrot.

Wer nur gelegentlich Maiskolben verfüttert, braucht sich darüber keine Gedanken zu machen. Da Mais sehr energiereich ist, kann es aber sein, dass bei häufiger Verfütterung größerer Mengen die Tiere stark verfetten.

Handelsprodukte aus der Müllerei und Zuckerherstellung

Kleie

Aus allen Getreidearten fallen bei der Vermahlung Abfälle an, wobei es sich in der Regel um Kleie handelt. Die Kleie ist zwar nährstoffärmer als Getreide, aber sehr rohfaserreich. Sie ist deshalb ideal zum Einmischen in gekochte Kartoffeln oder Kartoffelsilage.

Zuckerrübenschnitzel

Bei der Zuckerherstellung werden die Rüben geschnitzelt und dann der Zucker ausgelaugt. Aus dem Abfallprodukt, den Schnitzeln, werden Pellets hergestellt, die etwa 2 cm lang sind und einen Durchmesser von 1 cm haben. Sie sind praktisch ohne Eiweiß, haben aber einen sehr hohen Energiegehalt. In der Kaninchenfütterung sollte man diese Pellets erst einweichen und quellen lassen und sie dann mit anderem Weichfutter unter Zugabe von eiweißreichem Sojaschrot verfüttern. Gibt man die Pellets trocken, so quellen sie im Magen der Tiere auf und führen zu Verdauungsstörungen.

Eiweißfuttermittel

Sojaschrot

Von den verschiedenen Eiweißfuttermitteln, die heute in der Fütterung eingesetzt werden können, hat Sojaschrot besondere Bedeutung. Üblicherweise als Sojaschrot bezeichnet wird Sojaextraktionsschrot. Die fettreiche Sojabohne wird gepresst und ihr wird das Fett mit einem Lösungsmittel entzogen, diesen Vorgang nennt man Extraktion. Was danach übrig bleibt, ist ein extrem eiweißreiches Futtermittel, das niemals als Einzelfutter verfüttert werden sollte, sondern immer nur in einer Mischung mit Getreide und anderen energiereichen Futtermitteln. 1 kg Sojaschrot besteht zu fast 50 % aus Eiweiß, während Getreide nur über 10–12 % Eiweiß verfügt. Sojabohnen werden besonders in Übersee, zum Beispiel in Brasilien angebaut. Der Preis schwankt je nach Weltmarktpreis stark und kann zwischen 40 und 60 € je 100 kg liegen. Für die Beimischung zu Getreide ist Sojaschrot wegen des hohen Eiweißgehaltes trotz des hohen Preises günstig.

Die ausschließliche Verfütterung von Sojaschrot führt zu starken Durchfällen und Blähungen. Über längere Zeit führt dies auch zu massiven Fruchtbarkeitsstörungen. Die Leber muss das überschüssige Eiweiß abbauen und über die Niere als Harnstoff ausscheiden. Ist die Leber damit überlastet, wird die Hormonproduktion gestört und die Häsinnen nehmen nicht mehr auf. Das Eiweiß wird dann als Ammoniak ausgeschieden, was in schlecht belüfteten Ställen zu Reizungen der Schleimhäute führt. Schon mancher vermeintliche „Schnupfen" hatte hier seine Ursache.

Richtigerweise wird Sojaschrot im Bereich von 15 bis 20 % zu Getreide zugesetzt und ergibt ein fast ideales Kraftfutter, das zudem weit billiger als Fertigfutter ist. Allerdings sind bei der Verfütterung solcher Mischungen einige Punkte zu beachten, auf die später noch eingegangen wird.

Die Wertigkeit des Sojaproteins ist vergleichsweise hoch. Dies ist zurückzuführen auf den hohen Gehalt an essenziellen Aminosäuren und auf die hohe Verdaulichkeit des Proteins. Ein wichtiger Grund für die

Eiweißfuttermittel

Nährstoffgehalte für Sojabohnen und Sojaschrote			
	Sojabohnen	Sojaschrot 48%ig	44%ig
Rohprotein %	36,80	48,00	44,00
Rohfett %	19,90	1,00	1,00
Stärke %	5,40	6,50	6,00
Zucker %	7,80	10,40	9,20
Lysin %	2,31	2,87	2,64
Methionin %	0,50	0,65	0,61
Methionin und Cystin %	1,04	1,31	1,26
Tryptophan %	0,52	0,63	0,63
Kalzium %	0,25	0,27	0,26
Phosphor %	0,62	0,65	0,62
Natrium %	0,01	0,02	0,01
Rohfaser %	4,80	3,00	7,00
Umsetzb. Energie MJ/kg	16,55	14,17	12,97

Verfütterung von Sojaschrot liegt in der hohen Verdaulichkeit der Aminosäuren. Die Getreidearten fallen im Vergleich dazu in der Verdaulichkeit schon erheblich ab. Zumindest bei der Verwertung einzelner essenzieller Aminosäuren. Bei den Extraktionsschroten, z. B. von Raps und Sonnenblumen, sind die Werte deutlich unter den Gehalten des Sojaschrotes. Die Werte zeigen erhebliche Schwankungen.

Sojaschrot wird als Einzelkomponente im Landhandel angeboten. Im Einsatz ist das Sojaschrot einfach zu handhaben. Sojaschrot ergänzt hinsichtlich der Aminosäuren das Getreide optimal. Es weist einen besonders hohen Lysingehalt auf, wogegen im Protein des Getreides der Gehalt an schwefelhaltigen Aminosäuren hoch ist. Im Handel ist überwiegend das Sojaschrot mit 44 % Rohprotein erhältlich. Die wichtigsten Inhaltsstoffe der Sojabohnen und der beiden Sojaschrotsorten gehen aus der obenstehenden Tabelle hervor.

Erbsen und Ackerbohnen

Getrocknete Körner von Erbsen und Ackerbohnen haben etwa halb so viel Eiweiß wie Sojaschrot. Erbsen, mit Getreide gemischt, werden von Kaninchen ebenfalls gerne gefressen.

Futtermittelkunde

Aminosäuregehalt anderer wichtiger Eiweißträger
(Daten aus: Nutrient Requirements of swine, 1998)

Proteinträger	Roh-protein	Lysin	Methionin	Cystin	Threonin	Tryptophan
Rapsextraktionsschrot	35,6 %	2,08 %	0,74 %	0,91 %	1,59 %	0,45 %
Süßlupinen	34,9 %	1,54 %	0,27 %	0,51 %	1,20 %	0,26 %
Ackerbohnen	25,4 %	1,62 %	0,20 %	0,32 %	0,89 %	0,22 %
Erbsen	22,8 %	1,50 %	0,21 %	0,31 %	0,78 %	0,19 %

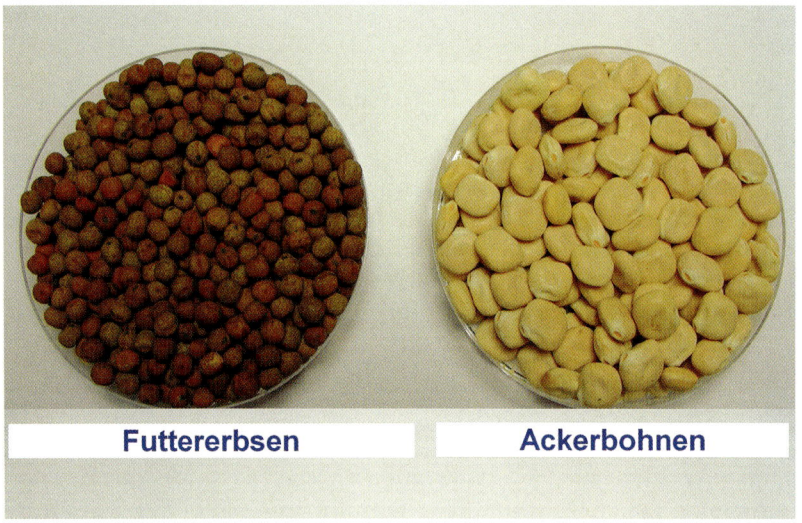

Futtererbsen und Ackerbohnen sind hochwertige Eiweißträger.

Der Einsatz von Fertigfuttermitteln

Bemerkungen zu BSE

Sicher werden sich manche Leser fragen, welche Rolle diese Erkrankung beim Kaninchen spielt. Um das Ergebnis vorweg zu nehmen, BSE spielt beim Kaninchen keine Rolle. Doch wo Informationen fehlen, entstehen jedoch häufig Gerüchte.

BSE heißt „Bovine Spongiforme Encephalopathie" das bedeutet „schwammartige Erkrankung des Gehirns bei Rindern". Derzeit gibt es im Wesentlichen 2 Theorien für die Entstehung der Krankheit. Dies betrifft erstens die Verfütterung unzureichend behandelten Tiermehls an Wiederkäuer. Im zweiten Fall gehen einige ernst zu nehmende Wissenschaftler davon aus, dass es sich um eine Erkrankung handelt, die im Tier selbst durch Veränderung bestimmter Eiweiße, der Prionen, entsteht. Der „Rinderwahnsinn" ist die zur Zeit wohl bekannteste aus einer ganzen Gruppe von Krankheiten, die alle ein ähnliches Erscheinungsbild aufweisen. Man spricht von den sogenannten „Transmissiblen Spongiformen Enzephalopathien" (TSE), was sich mit „übertragbare schwammartige Gehirnerkrankungen" übersetzen lässt.

Solche Gehirnerkrankungen sind bei Mensch und Tier bereits seit langer Zeit bekannt. Allerdings weiß man so gut wie nichts über die Ursache dieser stets tödlich verlaufenden Krankheiten. Die Krankheit „Scrapie" wurde im 18. Jahrhundert erstmals bei Schafen und Ziegen beschrieben. Dagegen trat die „Chronic Wasting Disease" in den USA und in Kanada erst seit 1967 bei in Gefangenschaft gehaltenen Maultierhirschen und Elchen auf. Beim Menschen kennt man seit der Jahrhundertwende die „Creutzfeldt-Jakob-Krankheit" (CJK). All diesen Erkrankungen ist gemeinsam, dass die Zeitdauer zwischen Ansteckung und Ausbruch der Symptome viele Jahre dauern kann. Und das macht sie so gefährlich.

Was aber hat Tiermehl in Futtermitteln zu suchen? In der Rinderfütterung ist die Beimischung von Tiermehl seit 1994 verboten, bei Fertigfutter für Schweine und Geflügel war die Beimischung bis Ende des Jahres 2000 erlaubt.

Durch das Herstellungsverfahren von Fertigfutter blieben offensichtlich in vereinzelten Fällen Reste in einer Größenordnung von etwa 0,5

> **Auszug**
>
> **Gesetz über das Verbot des Verfütterns, des innergemeinschaftlichen Verbringens und der Ausfuhr bestimmter Futtermittel vom 1. Dezember 2000**
>
> Der Bundestag hat mit Zustimmung des Bundesrates das folgende Gesetz beschlossen:
>
> **§ 1 Verfütterungsverbot**
> Das Verfüttern proteinhaltiger Erzeugnisse und von Fetten aus Gewebe warmblütiger Landtiere und von Fischen sowie von Mischfuttermitteln, die diese Einzelfuttermittel enthalten, an Nutztiere im Sinne des § 2b Abs. 1 Nr. 7 des Futtermittelgesetzes, ausgenommen solche, die nicht zur Gewinnung von Lebensmitteln bestimmt sind, ist verboten. Das Verbot gilt nicht für:
> 1. Milch und Milcherzeugnisse,
> 2. proteinhaltige Erzeugnisse und Fette aus Gewebe von Fischen, die zur Verfütterung an Fische bestimmt sind,
> 3. Futtermittel, die sich am 1. Dezember 2000 im Besitz eines Tierhalters befunden haben und zur Sicherstellung der Ernährung seiner Tiere, ausgenommen Wiederkäuer, erforderlich sind.

Prozent auch in Rinderfertigfutter vorhanden. Dies hat bei den Verbrauchern zu großen Verunsicherungen geführt.

In der Herstellung von Kaninchenfertigfutter war es nie üblich, Tiermehl einzusetzen, weil es schlichtweg zu teuer war. Trotzdem kann hier nicht völlig ausgeschlossen werden, dass bis Ende 2000 Spuren von Tiermehl auch im Kaninchenfutter zu finden waren.

Seit 1. Dezember 2000 ist der Einsatz von Tiermehl in der Fütterung jeglicher Nutztiere in Deutschland verboten. Deshalb ist es heute ausgeschlossen, dass solches auch nicht in Spuren vorzufinden ist.

Es gibt keinerlei konkrete Untersuchungsergebnisse, dass die BSE Erkrankung des Rindes auch auf andere Tierarten übertragbar ist. Es ist lediglich im Experiment gelungen, durch Injektion von krankem Material direkt in das Gehirn von Mäusen, bei diesen Krankheitssymptome auszulösen. Es ist kein einziger Fall bekannt, in dem nachgewiesen wurde, dass die Ansteckung über das Futter erfolgt ist, auch wenn das nach Ansicht des Verfassers die wahrscheinlichste These darstellt.

Bis heute gibt es keinerlei Erkenntnisse, dass BSE irgend eine Rolle im Zusammenhang mit Fertigfutter für Kaninchen spielt.

Das Fertigfutter

Es ist allgemein bekannt, dass man mit Heu, Wasser und Fertigfutter hervorragend Kaninchen füttern kann. Risiken in der Verdauung werden damit weitgehend ausgeschlossen. Der Grund dafür liegt in der besonderen Zusammensetzung von Pressfutter. Dieses Futter gibt es, je nach Hersteller, in unterschiedlichen Sorten, mit besonderer Eignung für eine bestimmte Produktionsrichtung.

Die Bezeichnungen unterscheiden sich etwas bei einzelnen Firmen, aber im Grunde sind 4 Typen zu unterscheiden. Kaninchen-Alleinfutter mit oder ohne Coccidiostatica, Zuchtfutter für Kaninchen und Spezialmischungen, z. B. für Angorakaninchen.

Der Gehalt an Rohprotein bewegt sich zwischen 16 und 18 %. Dies entspricht etwa 12 bis 13 % verdaulichem Protein. Die Rohfasergehalte liegen um 16 %. Sie werden umso niedriger, je energiereicher das Futter ist. Genau dieser hohe Rohfaseranteil verleiht dem Futter die Eigenschaft, dass wir kaum mit Verdauungsstörungen bei den Tieren zu rechnen haben.

Dieser hohe Rohfaseranteil ist es aber auch, der die Herstellung dieses Futters relativ teuer macht. Die Rohfaser kommt in der Hauptsache aus Weizenkleie und künstlich getrockneter und dann gemahlener Luzerne, besser bekannt als Luzernegrünmehl. Die Aufbereitung dieser Luzerne verlangt einen hohen Aufwand an Energie und ist deshalb recht kostenintensiv.

Für weitere Sicherheit sorgen die zugesetzten Wirkstoffmischungen. Dies sind vor allem die Vitamine A, D, E, sowie Mineralstoffe wie Kalzium und Phosphor und Natrium. Als Wachstumsförderer ist meist Flavophospholipol, auch als Flavomycin bezeichnet, zugesetzt. Dieser Wirkstoff stellt ein Antibiotikum dar, das in geringer Menge die Bakterien im Verdauungskanal in Grenzen hält und damit die Verwertung des Futters verbessert.

Diese Zusammensetzung, insbesondere der hohe Rohfaseranteil und der im Vergleich zu Getreide geringe Energiegehalt, ermöglichen es, Mastkaninchen mit diesem Alleinfutter satt zu füttern und dabei nur auf ständige Bereitstellung von Wasser achten zu müssen. Der Preis

Mischfutter für Kaninchen nach DLG-Standard

Inhalts- und Zusatzstoffe	Angaben in	Alleinfutter für Zuchtkaninchen	Alleinfutter für Mastkaninchen
Lysin	% min.	–	0,7
Methionin	% min.	–	0,4
Rohprotein	% min.	14,0	17,0
Rohfaser	% max.	15,0	15,0
Kalzium	% min.	0,8	1,0
Phosphor	% min.	0,5	0,8
Natrium	% min.	0,2	0,12
Eisen	mg/kg min.	–	100
Kupfer	mg/kg min.	–	20
Zink	mg/kg min.	50	70
Vitamin A	I.E. min.	6000	6000
Vitamin D_3	I.E. min.	750	750
Vitamin E	mg/kg min.	40	10
Pantothensäure	mg/kg min.	–	10
Thiamin	mg/kg min.	2	2
Riboflavin	mg/kg min.	5	5
Vitamin B_6	mg/kg min.	5	5
Nicotinsäure	mg/kg min.	50	50
Cholin	mg/kg min.	1000	1000

liegt aber um einiges höher als die Herstellung einer eigenen Mischung mit Getreide und Eiweißfutter.

Die Deutsche Landwirtschaftsgesellschaft (DLG) stellt für Fertigfuttermittel Standards auf, so auch für Kaninchen. Man sagt dann, das Futter entspricht DLG-Standard.

Vorstehende Tabelle zeigt die Anforderungen, die ein Fertigfutter mindestens erfüllen muss, um diesem Standard zu entsprechen. (Auszug aus DLG-Merkblatt Nr. 147 Fütterungshinweise für Kaninchen)

Die tägliche Aufnahme von Pellets ist an untenstehender Zusammenstellung abzuschätzen, die Angaben beziehen sich auf eine Mittelrasse und können als Orientierung dienen. Bei kombinierter Fütterung

> **Zur Erläuterung**
>
> Lysin und Methionin sind Bestandteile des Eiweißes, die für das Kaninchen besondere Bedeutung haben. Wenn der Eiweißgehalt hoch genug ist, sind auch die Bedingungen für diese beiden Aminosäuren erfüllt. Kalzium, Phosphor und Natrium sind Mineralstoffe. Eisen, Kupfer und Zink sind Elemente, die zwar nur in sehr geringen Mengen, für die Aufrechterhaltung bestimmter Lebensvorgänge aber wichtig sind. Beginnend bei Vitamin A bis zum Ende der Tabelle handelt es sich um Vitamine. Min. bedeutet mindestens, max. bedeutet höchstens.

erhalten Jungtiere zwischen 50 und 80 Gramm Fertigfutter täglich. Tragende Häsinnen die doppelte Menge, wobei in den letzten 8 Tagen der Trächtigkeit bis 200 Gramm gesteigert wird. Grünfutter, Silage oder Heu wird bis zur Sättigung gefüttert.

Der Sackaufkleber gibt Auskunft

Die Futtermittelverordnung schreibt vor, dass Futtermittel gekennzeichnet und die Inhaltsstoffe in bestimmtem Umfang angegeben werden müssen. Dies wird als Deklaration bezeichnet. Angegeben wird die Bezeichnung, also der Handelsname und ob es sich um ein Alleinfutter oder um ein Ergänzungsfutter handelt. In der Regel sind Fertigfutter Alleinfutter im Sinne der Verordnung. Mineralfutter und Vitamin-Mischungen sind als Ergänzungsfutter zu deklarieren, weil sie lediglich eine Art Ergänzung zum Futter darstellen.

Die Inhaltsstoffe werden in Prozent angegeben, es sind dies die Nährstoffgruppen Rohprotein, Rohfett und Rohfaser. Rohasche als solche ist kein Nährstoff, sondern in diesem Wert sind die Mineralstoffe enthalten. Angegeben werden müssen aber ausdrücklich die Mineralstoffe Kalzium und Phosphor.

Die Angaben über die Zusammensetzung der Fertigfutter ist so geregelt, dass die Futterkomponenten in der Form anzugeben sind, dass die Komponente mit dem höchsten Anteil als Erstes anzugeben ist und dann in der Reihenfolge ihrer Anteile die weiteren Komponenten. Das heißt, dass der Bestandteil, der an erster Stelle steht, den größten Anteil am Fertigfutter darstellt. Der zuletzt angegebene Bestandteil stellt dann entsprechend den niedrigsten Prozentsatz dar.

Der Einsatz von Fertigfuttermitteln

Verbrauch von Kaninchen-Fertigfutter bei Alleinfütterung		
Alter in Wochen	g/Tiergewicht	Fertigfutter g/Tier und Tag
4	500	50
5	700	65
6	1000	90
7	1300	120
8	1600	130
9	1900	130
10	2200	145
11	Über 2200	150
ausgewachsene Kaninchen		140–150
trächtige Häsinnen		160–180
säugende Häsinnen		300–500

Weiterhin sind anzugeben die Zusatzstoffe. Dies sind in der Regel die Vitamingehalte, Leistungsförderer und Fütterungsantibiotika.

Schließlich ist die Haltbarkeit für die Vitamine und der Herstellungszeitraum und der Hersteller anzugeben.

Als Folge der BSE-Krise Ende 2000/Anfang 2001 ist derzeit die Futtermittel-Deklaration in der politischen Diskussion. Es ist zu erwarten, dass künftig die Mischungsanteile des Futters angegeben werden müssen. Dies bezeichnet man als offene Deklaration, in welcher bei Mischfuttermitteln alle Ausgangserzeugnisse mit ihren prozentualen Anteilen genannt werden müssen. Die Futtermittelindustrie ist dazu durchaus bereit, wenn die gesetzliche Grundlage vorliegt.

Spezialfutter

Alleinfutter mit einem Coccidiostaticum als Zusatz sind Spezialfutter, die in Phasen erhöhter Anfälligkeit einen gewissen Schutz vor Verdauungsstörungen bieten können. In diesen Fertigfuttern, die Coccidiostatica enthalten, sind Wirkstoffe, welche die Vermehrung der Coccidien in den Verdauungsorganen hemmen. Besonders junge Kaninchen erkranken häufig an der gefürchteten Coccidiose. Es handelt sich dabei um einzellige Lebewesen im Darm, die in geringer Zahl einem gesunden Tier wenig anhaben können. Bei jungen Tieren, aber

Spezialfutter

auch gelegentlich bei gestressten Alttieren reichen die körpereigenen Widerstandskräfte nicht aus, um sich mit diesen Darm-Parasiten auseinanderzusetzen. Hier wirken zunächst Reinigungs- und Desinfektionsmaßnahmen im Stall. Darüber hinaus gibt es bei verschiedenen Firmen Fertigfutter mit einem zugesetzten Wirkstoff zur Verringerung der Coccidien im Verdauungstrakt unserer Kaninchen. Coccidien sind Parasiten, die von Antibiotika nicht erfasst werden. Deshalb muss beim Kauf auf den Hinweis geachtet werden, ob dem Fertigfutter ein Coccidiostaticum zugesetzt ist. Bei häufigem Vorkommen von Coccidiose im Bestand ist es überlegenswert, solch ein Futter einzusetzen. Es empfiehlt sich jedoch, wegen des etwas höheren Preises, aber auch wegen des Risikos einer Resistenzbildung, dieses Futter lediglich an Jungtiere im gefährdeten Alter von 4 bis 9 Wochen zu füttern. Auf jeden Fall muss dieses Futter vor dem Schlachten mindestens in der auf dem Sackaufkleber angegebenen Frist (in der Regel 5 Tage) abgesetzt werden. Es muss jedoch deutlich gesagt werden, dass es sich bei Coccidiostatica um Fütterungsarzneimittel handelt.

Bereits Kinder kann man behutsam an die richtige Haltung und Fütterung der Tiere heranführen.

Wasser ist Leben

Für fach- und sachkundige Kaninchenzüchter ist es keine Frage, dass unsere Tiere, bei welcher Art von Fütterung auch immer, einen zusätzlichen Bedarf an Trinkwasser haben. Wasser stellt Lösungs- und Transportmittel für die Nährstoffe aus dem Futter dar. Es ist nicht nur wirtschaftlich sinnvoll, sondern auch ethische Pflicht, die Tiere angemessen mit Wasser zu versorgen. Saftfutter, Grünfutter und Hackfrüchte bestehen zwar zu etwa 70–85 % aus Wasser, trotzdem ist ein zusätzlicher Wasserbedarf durch die Zufütterung von Kraftfutter, Heu oder anderen Trockenfuttermitteln vorhanden. Das häufig verabreichte Stückchen Rübe oder die Möhre decken den Wasserbedarf bei weitem nicht. Sicher ist das Tränken der Kaninchen im Winter nicht unproblematisch. Aber eine – bei frostigen Temperaturen entsprechend angewärmte – Tränke am Tag sollte auch für den beruflich eingespannten Züchter möglich sein.

Tränken kommt von Trinken, deshalb sollte die Tränke auch die Qualität von Trinkwasser haben. Abgestandenes Wasser ist eine Brutstätte für Bakterien und Parasiten. Keime aus Kot und Harn siedeln sich vornehmlich in Tränkschalen an und vermehren sich dort bei entsprechenden Temperaturen explosionsartig. Nicht selten ist dies Ursache für Coccidiose und Darmstörungen. Aus hygienischer Sicht haben klare Glasflaschen den Vorteil, da jede Trübung des Wassers und Algenbelag sichtbar ist. Sie sind jedoch etwas umständlich zu befüllen. Flaschen mit Tränknippeln dagegen sind besonders leicht zu befüllen, das Wasser verschmutzt nicht, dafür sind sie umso unbequemer zu reinigen. Bei diesen Flaschen ist deshalb auf regelmäßigen Wechsel des Wassers zu achten. Es sei deshalb dringend empfohlen, die Sauberkeit der Tränkgefäße konsequent zu prüfen.

Auf dem Markt werden verschiedene Mittel zur Desinfektion des Wassers angeboten. Dies sind meist Kupferpräparate, die eine Bakterien abtötende Wirkung haben, da sich die Kupferteilchen an die Hülle der Bakterien binden. Dies hat eine lang anhaltende entkeimende Wirkung, auch gegenüber zu einem späteren Zeitpunkt auftretenden Infektionen, zur Folge. Solche Maßnahmen haben dort ihre Berechtigung, wo zeitweise massive Durchfälle und Verdauungsstörungen auftreten, um jedes Risiko einer Verbreitung der Infektion über die Tränke auszuschließen. Diese Mittel sind aber kein ausreichender Ersatz für den regelmäßigen Wechsel des Tränkwassers.

Futterzusätze zur Leistungsförderung

Neue Rechtslage bei Fütterungsantibiotika seit Januar 2006

Neuere Forschungen haben bestätigt, dass der Einsatz von Antibiotika in der Tierhaltung in erheblichem Maße zur Verbreitung von bestimmten resistenten Bakterien bei uns Menschen beiträgt. Durch den Einsatz von Antibiotika als Futtermittelzusatzstoff besteht die Gefahr der Entstehung und Ausbreitung von Antibiotikaresistenzen bei krank machenden Bakterienarten. Auch die Gefahr der Bildung von Rückständen der Medikamente im Fleisch ist nicht völlig auszuschließen. Resistenzbildung bedeutet, dass mit der Zeit immer mehr Bakterienstämme auftreten, die gegen bestimmte Antibiotika resistent sind.

Deshalb wurde die Anzahl der als Leistungsförderer zugelassenen Antibiotika durch die EU in den letzten Jahren schrittweise reduziert. Mit Ablauf des Jahres 2005 liefen dann auch die Zulassungen der letzten verbliebenen antibiotischen Leistungsförderer aus (u. a. für das Flavophospholipol, das als Leistungsförderer in Fertigfutter für Kaninchen angewandt wurde). Damit ist seit dem 01. Januar 2006 der Einsatz antibiotischer Zusätze als Leistungsförderer verboten.

Vielen Fertigfuttermitteln wurden bis dahin diese sogenannten Leistungsförderer zugesetzt. Antibiotika werden aus Stoffwechselprodukten bestimmter Bakterien, von Pilzen und zum Teil auch aus Pflanzen gewonnen. Sie hemmen oder verhindern das Wachstum vieler Mikroorganismen, wie sie in jedem Tierbestand vorkommen.

Seit der Entdeckung des Penicillins, das aus den Stoffwechselprodukten des Penicillium-Schimmels ensteht, sind Hunderte von Antibiotika für die unterschiedlichsten Anwendungsbereiche entwickelt worden. Sie unterscheiden sich vor allem darin, dass bestimmte Bakterienarten unterschiedlich empfindlich gegen sie sind.

Antibiotika töten krank machende aber auch nicht krank machende Bakterien im Organismus unserer Tiere ab, oder hemmen zumindest ihre Vermehrung. Antibiotika haben übrigens keinerlei Wirkung auf Viren oder Pilze.

Futterzusätze zur Leistungsförderung

Antibiotika werden in der Humanmedizin und in der Tierheilkunde zur Heilung eingesetzt, sind jedoch als Leistungsförderer in Futtermitteln nicht mehr erlaubt.

Probiotika

Nicht zu verwechseln mit Antibiotika sind die sogenannten Probiotika. Dies sind Bakterien, wie beispielsweise Milchsäurebakterien, die den Verdauungstrakt des Kaninchens günstig beeinflussen.

Durch das Verbot des Einsatzes von Antibiotika als Leistungsförderer wurde zunehmend nach Alternativen gesucht. Als Ersatz kann der Einsatz von Probiotika in Futtermitteln in Frage kommen.

Bei Probiotika handelt es sich um bestimmte Formen von Mikroorganismen, die dem Futtermittel zugesetzt werden. Aufgrund ihrer regulierenden Effekte auf den Verdauungstrakt können nachweisbare Wirkungen beim Tier auftreten. Die aufgenommenen probiotischen Keime treten in Konkurrenz zu unerwünschten Krankheitserregern und schränken deren Eindringen ein. Durch die Bildung von Stoffwechselprodukten wird zudem die Vermehrung schädlicher Keime vermindert.

Bei den im Futtermittelbereich eingesetzten Probiotika handelt es sich um verschiedene Bakterienarten, meist Milchsäurebakterien, sowie ausgewählte Hefe-Arten.

Nach derzeitigem Kenntnisstand kann durch den Einsatz von Probiotika in der Tierernährung die Vitalität, das Wohlbefinden und die Leistungsfähigkeit der Tiere gesteigert werden. Ernährungsbedingte Verdauungsstörungen und Nährstoffverluste werden verringert und somit ein gleichmäßiges Wachstum gefördert. Zugleich kann der Futteraufwand gesenkt und der Arzneimitteleinsatz niedrig gehalten werden.

Gesicherte Wirkungen von Probiotika

- Verringerung von Durchfallerkrankungen
- Verminderung schädlicher Stoffe im Darm
- Beeinflussung des Immunsystems
- Förderung der Verdauung

Probiotika als Zusatz zu Fertigfuttermitteln sind eine brauchbare Alternative zu den inzwischen verbotenen Fütterungsantibiotika.

Herstellung eigener Kraftfuttermischungen

Nachdem die Verfütterung von Fertigfutter in der Kaninchenzucht ein erprobtes und sicheres Verfahren ist, liegt die Überlegung nahe, das selbst gemischte Kraftfutter in seinen Inhaltsstoffen möglichst weit gehend daran anzupassen. Hinsichtlich des Eiweiß- und Energiegehaltes ist dies kein Problem.

Es gelingt aber nicht, den hohen Rohfasergehalt eines Fertigfutters zu erreichen. Deshalb ist von vornherein wichtig zu wissen, dass solche Futtermischungen niemals zur Sattfütterung eingesetzt werden können, und immer als Beifutter Heu oder älteres Grünfutter gegeben werden muss. Dafür haben diese eigenen Mischungen den Vorteil, dass sie nur etwa halb so viel kosten wie Fertigfutter und der Futteraufwand ungefähr ein Drittel niedriger ist, da Mischungen aus Getreide und Sojaschrot in ihren Nährstoffen deutlich konzentrierter sind.

Die Herstellung dieser Mischungen ist sehr einfach. Man wiegt die Anteile der Einzelfuttermittel ab und schüttet diese in einem entsprechend großen Behältnis zusammen. Da solche Mischungen von Zeit zu Zeit immer wieder hergestellt werden, sollte man beim ersten Mal die Anteile wiegen und sich für eine bestimmte Menge ein Maß herstellen. Nach Volumen zu mischen ist nicht genau genug, denn 1 kg Hafer hat deutlich mehr Rauminhalt als 1 kg Weizen. Andererseits kommt es auf 1 oder 2 % Genauigkeit nicht an.

Die Mischungen sind bei entsprechender Lagerung genauso haltbar wie Fertigfutter. Aber je nach Verbrauch, ist es nicht sinnvoll, größere Mengen anzumischen.

Schwierig ist die Beimischung des pulverförmigen Mineralfutters. Dies Pulver haftet nicht an den Getreidekörnern, sodass es sich leicht entmischt und sich am Behälterboden absetzt. Eine Möglichkeit besteht darin, unmittelbar vor der Entnahme des Kraftfutters zum Verfüttern, geringe Mengen des Mineralfutters darüberzustreuen, oder nach dem Einfüllen des Kraftfutters in die Futtertröge etwas Mineralfutter zu geben. Beide Lösungen sind recht ungenau, aber aus eigener Erfahrung ist bekannt, dass es dabei keine Probleme gibt.

Mineralfutter sollte nur in kleinen Mengen gekauft werden, da Vitamine wie Fertigfutter nur etwa 3 Monate haltbar sind.

Herstellung eigener Kraftfuttermischungen

Für Züchter, welche sich mit dieser Materie näher befassen wollen, wird nachfolgend die Berechnung von Kraftfuttermischungen genauer dargestellt. Dies wird umso interessanter, je größer der Tierbestand ist, da sich hier der Einsatz von eigenen Mischungen weit mehr kostensparend auswirkt als in kleinen Beständen.

Im Anhang findet sich ein leeres Berechnungsformular für eigene Rechenversuche.

Für den praktischen Gebrauch genügt es aber, sich die Futtermischungen Nr. 1 bis 5 etwas genauer anzusehen. Dabei lassen sich die Getreidearten durchaus gegeneinander austauschen.

Die Berechnung von Kraftfuttermischungen

In Spalte 1 sind die Einzelfuttermittel aufgeführt. In Spalte 2 wird der Anteil an der Mischung in Prozent eingetragen, in Spalte 3 und 4 sind die aus der Futterwerttabelle im Anhang entnommenen Gehaltswerte eingetragen. In Spalte 5 wird der Gehalt an Eiweiß in Spalte 3 mit dem Anteil multipliziert und dann durch 100 dividiert. Dasselbe gilt für Spalte 6. Hier wird der Energiegehalt in Spalte 4 mit dem Anteil multipliziert und durch 100 dividiert. Schließlich sind am unteren Ende der Tabelle die Gehalte in Spalte 5 und 6 zu addieren und dem Sollwert gegenüberzustellen.

Sind beide Werte höher als der Sollwert, so ist die Mischung konzentrierter als Fertigfutter, und die Futtergabe kann entsprechend verringert werden.

Bei der Berechnung von Eigenmischungen aus unterschiedlichen Futtermitteln ist besondere Sorgfalt angebracht.

Beispiele für Futtermischungen

Berechnung von Kraftfuttermischungen: Mischung 1

Spalte: 1	2	3	4	5	6
Futtermittel	Anteil %	Gehalte je kg % Eiweiß MJ DE	Futtermittel verd. Energie MJ DE	Gehalte in der Mischung % Eiweiß Sp.2xSp.3/100	verd. Energie Sp.2xSp.4/100
Sojaschrot	20	45,5	13,06	9,1	2,61
Weizen	60	12,1	14,52	7,3	8,71
Hafer	20	10,5	12,38	2,1	2,48
Gerste	0	9,9	13,56	0,0	0,00
Kleie	0	16,7	10,50	0,0	0,00
Summe	100			18,5	13,80
Soll je kg Futter				16,5	10,50

Berechnung von Kraftfuttermischungen: Mischung 2

Spalte: 1	2	3	4	5	6
Futtermittel	Anteil %	Gehalte je kg % Eiweiß MJ DE	Futtermittel verd. Energie MJ DE	Gehalte in der Mischung % Eiweiß Sp.2xSp.3/100	verd. Energie Sp.2xSp.4/100
Sojaschrot	15	45,5	13,06	6,8	1,96
Weizen	0	12,1	14,52	0,0	0,00
Hafer	0	10,5	12,38	0,0	0,00
Gerste	65	9,9	13,56	6,4	8,81
Kleie	20	16,7	10,50	3,3	2,10
Summe	100			16,6	12,87
Soll je kg Futter				16,5	10,50

Sicher ist es möglich, mittels beiliegendem Rechenformular eine Mischung bis zur völligen Übereinstimmung mit Fertigfutter zu rechnen. Für die praktische Fütterung ist dies nicht nötig, es genügt völlig, wenn man sich an nachfolgenden Beispielen orientiert. Dabei muss nochmals betont werden, dass die Mischungen hinsichtlich Eiweiß und Energie konzentrierter als Fertigfutter sind, und der Rohfasergehalt zu gering ist, um die Kaninchen mit diesen Mischungen, ohne Heu oder Grünfutter, satt zu füttern. Zudem enthalten diese Mischungen keine Wachstumsförderer in Form von Fütterungsantibiotika. Dies wird der eine Züchter als Nachteil, der andere als Vorteil betrachten.

Dafür ist der Futteraufwand etwa um 25 % geringer, und der Preis für die Mischungen liegt etwas über der Hälfte des Preises für Fertigfutter. Das heißt ganz einfach, dass sich mit eigenen Mischungen die Futterkosten in etwa halbieren lassen. Dafür muss man etwas Zeit für die Herstellung der Mischungen aufwenden, die Fütterung besser kontrollieren und die Tiere mehr beobachten, besonders die Beschaffenheit des Kots.

Dafür kann man aber gezielt füttern. Hat der Züchter den Eindruck, dass die Tiere verfetten, wird er zunächst die Futtermenge verringern, oder Weizen gegen Gerste austauschen, damit sich der Energiegehalt

---

Mischung 1: 15 % Sojaschrot   85 % Weizen

Diese Mischung enthält im Verhältnis etwas zu viel Energie und ist deshalb geeignet, wenn gleichzeitig Grünfutter oder im Winter junges Heu gefüttert wird. Wird der Weizen durch Gerste ersetzt, geht der Energiegehalt etwas zurück. Die Mengen sind auf 75 % der Fertigfuttergaben zu begrenzen.

Mischung 2: 15 % Sojaschrot   85 % Hafer

Diese Mischung ist energieärmer wie Mischung 1. Durch den hohen Spelzenanteil des Hafers ist der Rohfasergehalt höher und kann deshalb auch als Kraftfutter bei sehr jungem Grünfutter gegeben werden. Allerdings wissen wir vom Hafer, dass er besonders bei den kleinen Rassen zu frühem Erwachen des Geschlechtstriebes führt. Wer diese Probleme hat, kann statt 85 % Hafer auch 45 % Gerste und nur 40 % Hafer nehmen. Auch werden die Spelzen nicht immer gut gefressen, sodass sie im Trog liegen bleiben.

Beispiele für Futtermischungen

> **Mischung 3: 20 % Sojaschrot 40 % Weizen 40 % Gerste**
>
> Diese Mischung ist deutlich konzentrierter als Fertigfutter und eignet sich deshalb ganz gut für säugende Häsinnen. Aber auch hier sollte man die Futtermenge auf etwa 3 Viertel der üblichen Fertigfuttergabe begrenzen.

vermindert. Besteht der Eindruck, dass die Tiere zu schlecht wachsen, kann die Futtermenge gesteigert werden.

Diese Beispiele sollen genügen, es ist aber zusammenfassend auf einige wichtige Punkte hinzuweisen, die beachtet werden sollten:

1. Die Kaninchen sollten mit diesen Mischungen nicht satt gefüttert werden und zusätzlich ist immer Heu bzw. Grünfutter anzubieten. Trotz begrenzter Menge erhalten dann die Tiere genauso viel Eiweiß und Energie, wie bei Sattfütterung mit Pellets.

2. Mineralfutter sollte zusätzlich beigemischt werden in einer Menge von etwa 1 kg je Zentner Futtermischung. (Siehe Abschnitt Mineralstoffe), dies entspricht gerade 2 %.

3. Es darf nur trockenes Getreide verwendet werden, da es sonst schimmelt, was bei den Tieren zu Problemen führen kann. Außerdem sollten keine zu großen Mengen angemischt werden.

4. Der Übergang von Fertigfutter zu solchen Mischungen darf nicht schlagartig erfolgen, sondern muss gleitend geschehen.

Wer das Risiko scheut, die Futterkosten aber trotzdem im Auge hat, fährt nicht schlecht, wenn bei der Fütterung Pellets weitergegeben werden, jedoch nur die Hälfte, und der Rest durch eine dieser Mischungen ersetzt wird.

Milchviehfutter für Kaninchen

Ähnlich wie Pellets für Kaninchen gibt es im Landhandel und bei den genossenschaftlichen Lagerhäusern auch Fertigfutter für Milchvieh.

Wegen der höheren Mengen die davon in der Landwirtschaft umgesetzt werden, ist der Preis für dieses Fertigfutter kaum höher als für die vorgenannten Eigenmischungen. Der Zentner ist für weniger als 20 € erhältlich. Für dieses Milchviehfutter gilt alles, was auch für die Mischungen gesagt wurde, nur hat es den Vorteil, dass kein Zeitaufwand für das Mischen anfällt und der Züchter aller Sorgen wegen der Mineralstoffe und Vitamine enthoben ist. Diese sind in genügender Menge enthalten.

Die Pellets sind größer als bei Kaninchenfutter, was aber aus eigener Erfahrung nach etwas Gewöhnung keine Probleme bereitet.

Kaninchen-Fertigfutter

Milchviehfutter enthält keine Antibiotika als Wachstumsförderer, weil diese zur Milcherzeugung gesetzlich verboten ist. Das Futter ist bezogen auf Eiweiß und Energie etwa so konzentriert wie die beschriebenen Eigenmischungen, enthält also pro Kilo Futter mehr Nährstoffe als Kaninchenfertigfutter. Deshalb sind die bereits beschriebenen Hinweise, was die Mengen angeht, auch hier zu beachten.

Auch mit Milchviehfutter kann man deshalb seine Futterkosten verringern. Da dieses Futter gut mit Mineralstoffen angereichert ist, bei welchen es sich meist um Salze handelt, ist es unbedingt notwendig, dass die Tiere gut getränkt

Milchleistungsfutter

Fertigfutter für Milchvieh im Vergleich zu Pellets für Kaninchen. Die Pellets sind größer und die Nährstoffe konzentrierter. Milchviehfutter darf wegen der hohen Nährstoffkonzentration nie als Alleinfutter gegeben werden.

Milchviehfutter für Kaninchen

werden. Bei der Umstellung auf dieses Futter sollte der Kot einige Tage beobachtet werden. Sobald dieser zu weich wird, muss die Menge reduziert werden. Auch hier geht es wegen des für Kaninchen zu geringen Rohfasergehaltes nicht ohne Heu oder Grünfutter.

Da es je nach Hersteller viele Bezeichnungen für Milchviehfutter mit unterschiedlichen Nährstoffgehalten gibt, muss noch auf die Eignung verschiedener Sorten hingewiesen werden.

Mit den folgenden Bezeichnungen erhält man, ganz gleich von welcher Marke, das geeignete Futter:

> *1. Milchleistungsfutter mit 20 % Rohprotein, Energiestufe 3*
>
> *2. Milchleistungsfutter mit 18 % Rohprotein, Energiestufe 2*

Beide Futterarten haben dasselbe Energie-Eiweiß-Verhältnis, nur braucht man von Futter 1 etwas weniger zu füttern, da es konzentrierter ist. Im Grunde sind beide gleich gut geeignet.

Von diesem Futter decken 250 Gramm den Tagesbedarf einer säugenden Häsin einer Mittelrasse.

Andere Futtersorten, besonders mit Eiweißgehalten von 25 oder gar 32 %, sind nicht geeignet.

Nicht geeignet ist auch Fertigfutter für Mastbullen, da es meist Futterharnstoff enthält, der zwar beim Wiederkäuer verwertet wird, bei Kaninchen aber zu Blähungen führt.

Der Verfasser hat die Verfütterung von Milchviehfutter zunächst über ein Jahr lang an der Hälfte seiner Tiere ausprobiert, wobei keine Probleme aufgetreten sind. Wer aber auch hier kein Risiko mit etwas Neuem eingehen möchte, kann natürlich Milchviehfutter und Fertigfutter für Kaninchen halb und halb mischen und sich damit langsam herantasten.

> **Wichtig:**
> Niemals mit Milchleistungsfutter satt füttern!
> Immer Heu oder Gras zufüttern!
> Unbedingt Wasser als Tränke anbieten!

Praktische Kaninchenfütterung

Geräte

Es sollte jedem Züchter zur Selbstverständlichkeit werden, dass seine Tiere getränkt werden. Gerade bei säugenden Häsinnen reicht die Verfütterung von Rüben zur Deckung des Wasserbedarfs bei Weitem nicht aus. In der warmen Jahreszeit ist sicher die Verwendung von Tränkflaschen oder Kunststoffflaschen mit Nippel eine geeignete Lösung. Im Winter muss zumindest einmal am Tag in Näpfen getränkt werden. In den Flaschen bilden sich nach kurzer Zeit Grünalgen.

Schlimmer ist, weil nicht sichtbar, dass sich auch Bakterien im Tränkwasser entwickeln. Deshalb ist unabdingbar, dass die Flaschen regelmäßig mit Spülmittel und Bürste gereinigt werden. Es leuchtet sicher ein, dass täglich frisches Wasser angeboten werden sollte. Abgestandenes Wasser ist wegen der Bakterien häufig Ursache für Verdauungsstörungen.

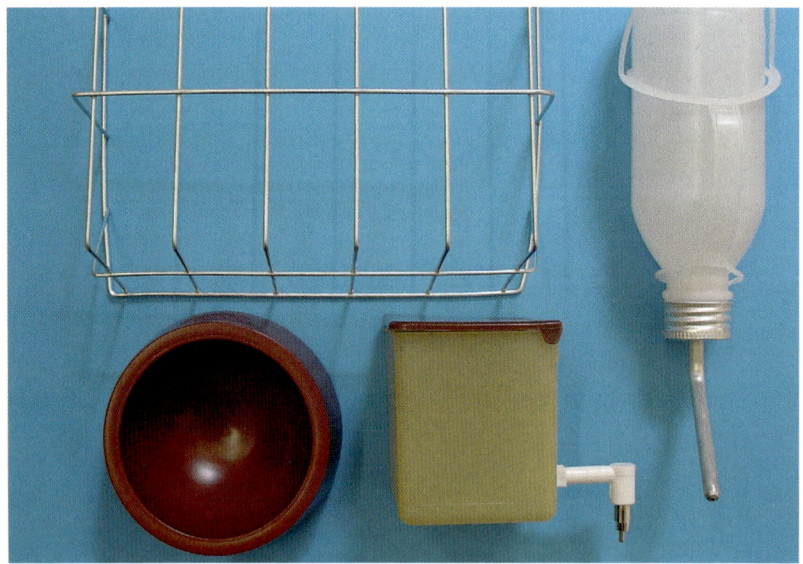

Der technische Aufwand an Geräten zur Kaninchenfütterung ist gering. Sowohl bei Trögen als auch bei Flaschen gibt es zahlreiche Fabrikate und Ausführungen. Bei normalen Raufen ist unbedingt ein Klappdeckel notwendig.

Die Flaschen mit Saugröhrchen sind etwas arbeitsaufwändiger beim Befüllen, dafür aber leichter zu reinigen. Flaschen mit Tränknippeln sind sehr einfach mit der Gießkanne zu befüllen, bei braunen Kunststoffflaschen ist die Algenbildung geringer. Dafür sind sie schlechter abzunehmen und bei der Reinigung nicht sehr gut zugänglich.

Daneben gibt es noch Nippeltränken, die an ein Leitungssystem angeschlossen sind. Die Wasserversorgung erfolgt über einen Ausgleichsbehälter mit Schwimmer, der den Zulauf aus der Wasserleitung regelt. Diese Tränksysteme eignen sich nur für größere Anlagen, da sie aufwändig zu verlegen und auch nicht ganz billig sind. Ebenso ist der Reinigungsaufwand bei kleinen Anlagen im Verhältnis zu Flaschentränken recht hoch.

Als Raufen sind verschiedene Typen im Handel. Die Türschließraufe ist so an der Buchtenwand zu montieren, dass sie wirklich, wie die Bezeichnung schon aussagt, von der Stalltüre verschlossen wird. Drahtraufen, die oben offen sind, müssen mit einem hochklappbaren Deckel verschlossen sein. Sonst ist nicht zu vermeiden, dass sich Jungtiere in die Raufe legen und mit den Beinen beim Herausspringen hängen bleiben. Diese abgedeckten Raufen werden von den Tieren auch gern als Liegebrett benutzt.

Raufen sind gerade bei Grünfütterung notwendig, da die Tiere sich sonst auf das kühle Gras legen. Dieses erwärmt sich schnell, beginnt zu gären und wird warm. Damit sind Durchfälle bereits vorprogrammiert. Daneben gibt es auch die Möglichkeit, die Buchten durch zwei im Abstand von 15 cm angebrachte Gitter zu trennen und den so entstandenen Zwischenraum als Raufe zu nutzen. In der Broschüre „Kaninchenställe", die im selben Verlag erschienen ist, sind verschiedene Modelle genau beschrieben.

Glasierte Futternäpfe sind universell verwendbar für die Verfütterung von Weichfutter, Getreidemischungen und Pellets. Sie haben den Vorteil, dass der Züchter beim Füttern sofort sieht, ob die Tiere fressen. Damit ist einigermaßen die Gewähr gegeben, dass Störungen im Befinden der Tiere frühzeitig erkannt werden.

Statt der glasierten Tonnäpfe gibt es viele andere Möglichkeiten für die Verwendung als Futterbehälter. Sie reichen von selbstgegossenen Betontrögen über umgedrehte Kacheln von Kachelöfen bis zu Edelstahlnäpfen, die an der Buchtenwand oder am Gitter befestigt werden. Zu achten ist besonders auf eine glatte Oberfläche, um die Reinigung zu vereinfachen. Außerdem müssen die Behälter schwer genug sein, damit sie von den Tieren nicht umgekippt werden können. Dies gelingt am besten durch eine große Grundfläche. Etwas teurer sind die anschraubbaren Edelstahltröge, dafür aber fast unbegrenzt haltbar und sehr leicht sauber zu halten.

Auch Futterautomaten sind in vielfältigen Formen im Handel. Sie entbinden den Züchter von der regelmäßigen täglichen Fütterung. Die Tierbeobachtung und -kontrolle muss dafür aber sehr ernst genommen werden. Technisch sind sie sowohl für Pellets und Getreide geeignet. Es ist allerdings nicht angebracht, selbst hergestellte Mischungen oder das erwähnte Milchviehfutter daraus zu verfüttern, weil diese Mischungen hinsichtlich der Nährstoffe konzentrierter sind als Fertigfutter für Kaninchen.

Auch der Rohfasergehalt ist bei diesen Futtermitteln zu niedrig, um sie den Kaninchen zur ständigen freien Aufnahme anzubieten. Aus diesem Grund können Futterautomaten eigentlich nur für die Verabreichung von Kaninchenfertigfutter empfohlen werden.

Fütterungstechnik

Die Fütterung von Kaninchen ist nicht kompliziert, wenn das Futter und die Futterzusammensetzung in Ordnung sind. Für die praktische Fütterung sind allerdings einige Punkte von Bedeutung.

Pünktlichkeit

Es ist sicher günstig, die Kaninchen zweimal täglich zu füttern, dies gilt für Jungtiere noch mehr als für Alttiere. Bei einmaliger Fütterung ist die Gefahr des Überfressens besonders groß. Füttert man größere Mengen an Grünfutter und drückt dieses vielleicht gar noch fest in die Raufen, so erwärmt sich das Futter und beginnt zu gären. In der heißen Jahreszeit empfiehlt es sich, abends etwa 2 Drittel der Tagesration zu füttern und morgens nur 1 Drittel. Kaninchen fressen häufig, am liebsten aber nachts, da Kaninchen zu den Dämmerungstieren zählen.

Im Winter ist es dagegen durchaus möglich, nur einmal täglich zu füttern. Bei Heu, Kraftfutter und Wasser dürfte es dabei wenig Probleme geben. Anders sieht es aus, wenn Rüben oder Weichfutter gefüttert wird. Beides ist frostempfindlich und bei größeren Mengen, wie sie bei einmaliger Fütterung nötig sind, können leicht Verdauungsstörungen auftreten. Deshalb gilt es, wo immer möglich, regelmäßig und zweimal am Tag zu füttern.

Sauberkeit

Tröge und Tränkgeräte sind regelmäßig zu reinigen. Flaschen unbedingt jede Woche, die Tröge je nach Verschmutzung. Bei Fütterung von Weichfutter wie etwa Kartoffeln und dergleichen, sind die Tröge öfter zu reinigen. Eine Desinfektion der Geräte ist wichtig, wenn Durchfälle gehäuft auftreten oder der Verdacht besteht, dass Keime über die Futtergeräte weiterverbreitet werden. Darum sollte man sich bemühen, die Futtergeräte nur gereinigt und desinfiziert zwischen den einzelnen Buchten auszutauschen.

Genauigkeit

Genauigkeit, was die angebotenen Mengen betrifft, ist ein wichtiger Grundsatz. Sicher füttert man nach dem Auge. Es wird zur Übung, die Tiere selbst, den Kot und die Fresslust automatisch zu beobachten. Jeder Züchter sollte sich aber doch die Tabellen über die Futtermengen anschauen und wenigstens einmal die Mengen wiegen, um sich einen Eindruck zu verschaffen. Weiterhin ist es besser, die Tiere etwas knapper zu füttern, als ständig Kraftfutter zur freien Aufnahme anzubieten. Es ist sicher günstiger, die Tiere, besonders der kleineren Rassen, über einen längeren Zeitraum knapp zu halten, als kurz vor den Ausstellungen wegen Übergewicht Fastenkuren mit Gewalt einzuhalten. Das Gegenteil ist ebenso ungeeignet. Es ist sinnlos, lange Zeit sehr knapp oder ohne Kraftfutter zu füttern, um dann wieder vor den Ausstellungen die Tiere buchstäblich mit konzentriertem Kraftfutter vollzupumpen. Eine alte Bauernweisheit gilt auch für uns Rassekaninchenzüchter: Das Auge seines Herrn füttert das Vieh!

Peinliche Sauberkeit, Pünktlichkeit und Genauigkeit helfen viele fütterungsbedingte Erkrankungen zu vermeiden.

Mineralstoffe und Spurenelemente

Bei Mineralstoffen handelt es sich um Mineralien, die bei der Verbrennung eines Futtermittels als Asche übrig bleiben. Deshalb wird gelegentlich auch die Bezeichnung Asche oder Rohasche gebraucht. Dies ist die Bezeichnung einer Gruppe von Stoffen wie Kalzium, Phosphor, Natrium. Da sie im Futter etwa im Bereich von 0,1 bis 2,0 % vorkommen, spricht man auch von Mengenelementen. Die Gruppe der Spurenelemente wie Eisen, Kupfer, Zink und andere kommen nur in geringen Spuren vor, im Bereich von weniger als 0,1 %.

Die Verteilung der einzelnen Mineralstoffe im Körper unserer Kaninchen ist sehr unterschiedlich. Während Kalzium und Phosphor hauptsächlich im Skelett vorkommen und während des Wachstums vor allem dort benötigt werden, haben Natrium und Kalium Aufgaben im Bereich des Blutes.

Mineralstoffe sind in den Futterpflanzen in unterschiedlichem Anteil enthalten. Da die Gehalte je nach Boden, Düngung und Witterung außerordentlich schwanken, sind Gehaltsangaben aus Tabellen recht vorsichtig zu betrachten. Um sicher zu gehen, ist es deshalb sinnvoll, die Mineralstoffe durch Zusatz eines Mineralfutters, das gleichzeitig Vitamine enthalten soll, zu ergänzen.

2 bis 3 % Mineralfutterzusatz zum selbst gemischten Kraftfutter reichen dabei aus. Die Kosten fallen kaum ins Gewicht. Dem Fertigfutter wird bereits bei der Herstellung genügend Mineralstoffmischung zugesetzt, sodass bei Fütterung von Pellets keine Ergänzung nötig ist.

Grundsätzlich sind Mineralstoffe und Spurenelemente unerlässlich für Gesundheit, Fruchtbarkeit und Leistung.

Kalzium

98 % des im Körper enthaltenen Kalziums befinden sich im Skelett. Ein Mangel führt zu Rachitis bei wachsenden Tieren und zu Knochenbrüchigkeit bei ausgewachsenen Tieren. Vor allem tragende Häsinnen haben in den letzten 2 Wochen der Trächtigkeit einen erhöh-

ten Bedarf, da die Jungen in der Gebärmutter anfangen, das Skelett zu bilden. Säugende Häsinnen haben gleichfalls erhöhten Bedarf, da in der Milch Kalzium abgegeben wird. Bei der Häsin einer Mittelrasse sind dies am Tag 5 Gramm Kalzium, welche über die Milch ausgeschieden werden. Ist die Zufuhr über das Futter nicht ausreichend, entnimmt die Häsin das Kalzium ihrem Knochengerüst und es kommt zu Knochenweiche.

Phosphor

Ein Mangel an Phosphor bewirkt neben Schäden an den Knochen vor allem Fruchtbarkeitsstörungen. Der Kalziumbedarf und der Phosphorbedarf stehen zueinander in enger Beziehung. Im Futter sollte etwa zweimal so viel Kalzium wie Phosphor enthalten sein. Dies lässt sich aber unter praktischen Bedingungen kaum nachprüfen und es gilt auch hier das Obengesagte hinsichtlich der Mineralstoffbeifütterung.

Auch Phosphor ist für die säugende Häsin wichtig, da Kaninchenmilch 0,4 % Phosphor enthält, das ist fünfmal mehr als in Kuhmilch, und dieser Bedarf muss über das Futter abgedeckt werden.

Zusammensetzung von Kaninchenmilch im Vergleich zu Kuhmilch

Bestandteile	Kaninchenmilch %	Kuhmilch %
Trockensubstanz	31,0	12,0
Wasser	69,0	88,0
Eiweiß	13,0	3,5
Fett	12,0	4,0
Zucker	2,0	5,0
Asche	2,5	0,7
Kalzium	0,9	0,2
Phosphor	1,0	0,2

(nach Schley 1985)

Mineralstoffe und Spurenelemente

Natrium

Kochsalz ist der wichtigste und auch billigste Natriumlieferant. Es ist bekannt, das kleine Gaben von Kochsalz im Futter günstig wirken und den Appetit anregen. Auf Tränkwasser darf aber dann keinesfalls verzichtet werden. Natrium regelt den Blutkreislauf und ist bei der Nervenleitung beteiligt.

Spurenelemente

Bei abwechslungsreicher Fütterung sind Mangelerscheinungen bei den Spurenelementen nicht zu erwarten. Trotzdem sei die Funktion dieser Stoffe kurz beschrieben.

Eisen ist das Element, welches an der Blutbildung beteiligt ist. Der rote Blutfarbstoff ist eine Eiweißverbindung (Hämoglobin), welche ohne Eisen nicht gebildet werden kann. Bei Schweinen beispielsweise muss der Eisenmangel in der Milch durch zusätzliche Maßnahmen ausgeglichen werden. Da aber in Heu und Grünfutter ausreichend Eisen enthalten ist, wird dieser Mangel bei Kaninchen nicht auftreten.

Kupfer ist von Bedeutung für die Leistung und die Gesundheit unserer Kaninchen. Es ist an vielen Stoffwechselvorgängen beteiligt. Obwohl man die genaue Ursache nicht kennt, wirkt sich Kupfer als Wachstumsförderer aus und wird deshalb auch dem Fertigfutter zugesetzt.

Zinkmangel führt zu Schäden am Haarkleid und an der Haut. Andererseits sind Zinkvergiftungen durch die Fütterung aus verzinkten Gefäßen bekannt.

Für alle Spurenelemente gilt, dass bei Überschreiten einer bestimmten Menge, diese auch giftig wirken können. Unter praktischen Bedingungen braucht man aber dem Gehalt an Spurenelementen keine Beachtung schenken, da diese Grenze sehr hoch liegt und überschüssige Elemente auch weitgehend ausgeschieden werden.

Vitamine

Der Organismus unserer Tiere benötigt neben den genannten Mineralstoffen und Spurenelementen auch eine ganze Reihe von Vitaminen zur Aufrechterhaltung der Lebensvorgänge unserer Kaninchen. Vitamine sind lebensnotwendige Stoffe, die in kleinsten Mengen für bestimmte Körperfunktionen benötigt werden. Vitamine spielen eine Rolle bei der Regelung des Stoffwechsels, des Wachstums und der Fruchtbarkeit.

Der Tagesbedarf beim Kaninchen stellt keinen festen Wert dar, sondern hängt ab vom Haltungssystem, von den erbrachten Leistungen, von Stressfaktoren und vom Gesundheitszustand. Bei Erkrankungen, die mit Antibiotika und Coccidiostatica behandelt werden, kann ein behandlungsbedingter Mangel an B-Vitaminen auftreten. Im Allgemeinen sind Mangelerscheinungen bei ausgeglichener, vielseitiger Fütterung selten. Insbesondere bei Einsatz von Fertigfutter sind Mangelerscheinungen nicht zu erwarten, da diesen Futtermitteln Vitamine in ausreichender Menge zugesetzt werden. Der Zusatz von Vitaminpräparaten kann sich daher tatsächlich auf Ausnahmen beschränken. Diese Ausnahme stellt die Zeit des Deckens, je nach Rasse im Dezember/Januar bis zu einem Alter der Jungtiere von etwa 9 Wochen dar. In den Wintermonaten kann es also durchaus sinnvoll sein, bestimmte Vitamine über Zusätze zu ergänzen.

Vitamine können im Allgemeinen nicht selbst von den Tieren gebildet werden. Das Kaninchen stellt hier insbesondere bei den B-Vitaminen eine Ausnahme dar.

Die Vitamine werden in 2 Gruppen eingeteilt: die fettlöslichen, das sind die Vitamine A, D, E und K, die wasserlöslichen Vitamine, das sind die B-Vitamine und das Vitamin C. Der Bedarf wird nach internationalen Einheiten (I. E.), zum Teil auch in Mikro- oder Milligramm angegeben. 1 Mikrogramm ist so viel wie 1 Millionstelgramm. Hier ist gleich zu sehen, in wie kleinen Mengen diese Stoffe wirken.

Einen völligen Mangel an einem oder mehreren Vitaminen, bezeichnet man als Avitaminose. Dies ist jedoch unter praktischen Bedingungen äußerst selten. Gelegentlich kommt eine Unterversorgung an einzelnen Vitaminen vor, insbesondere in der Winterfütterung un-

Vitamine

serer Kaninchen. Diese zu verhindern, ist bei dem reichhaltigen Angebot an Vitaminzusätzen kein Problem. Wichtig ist allerdings auch, dass bei bestimmten Vitaminen, vor allem beim Vitamin D, eine Überversorgung ebenso schädlich ist.

Der Kaninchenzüchter sollte über die Vitamine im Einzelnen informiert sein, um rechtzeitig seine Fütterung anzupassen, denn nicht alle Vitamine sind wichtig, nicht alle müssen durch Zusätze ergänzt werden, weil sie zum Beispiel im Futter in ausreichendem Maße vorhanden sind. Die Werbung preist Vitaminzusätze als wahre Wundermittel an, es sei aber gleich gesagt, dass eine Dosierung über den optimalen Bedarf hinaus keine Wirkung hat, wenn nicht gar schädlich ist.

Vitamin A

Das Vitamin A ist auch bekannt unter der Bezeichnung Wachstumsvitamin, Hautschutzvitamin oder bei Fachleuten als Retinol.

Für den Kaninchenzüchter ist die Kenntnis der Wirkungen des Vitamin A von Bedeutung. Die Aufgaben des Vitamin A im Tier sind vielfältig. Am besten erforscht ist seine Wirkung auf den Sehvorgang. Es ist Bestandteil des roten Sehpurpurs im Auge.

Bedeutender in der Kaninchenhaltung ist seine Wirkung auf die Haut und insbesondere die Schleimhäute. Ein Mangel verursacht eine mehr oder weniger starke Verhornung der Haut und Schleimhaut. Durch diese Wirkung ist leicht vorzustellen, dass Schädigungen der Schleimhäute recht folgenschwer sein können. Sind die Schleimhäute in den Atemwegen geschädigt, so können die in der Luft immer vorhandenen Krankheitserreger in den Körper eindringen und, wenn ungünstige Faktoren dazukommen, zu Erkrankungen führen.

Für die Fruchtbarkeit sind geschädigte Schleimhäute ebenso abträglich. Die Eier werden zwar im Eileiter befruchtet, können sich aber in der Gebärmutter nicht einnisten und sich entwickeln. Eine weithin bekannte Beobachtung in der Kaninchenhaltung ist immer wieder zu hören, dass Häsinnen leichter trächtig werden, wenn im Frühjahr schon auf Grünfutter umgestellt ist. In vielen Fällen verbirgt sich dahinter ein Vitamin-A-Mangel.

Vitamin A kommt nur in tierischen Futtermitteln, z. B. Fischmehl und Lebertran vor. Nachdem eine Verfütterung tierischer Futtermittel nicht üblich ist, sind wir auf die Vorstufe, das Provitamin A angewiesen. Grünfutter enthält diese Vorstufe des Vitamins, das Provitamin A oder auch Beta-Carotin. Im Tier wird aus der Vorstufe das Vitamin gebildet. Wer also seine Häsinnen noch in der Winterzeit decken lässt, muss unbedingt auf einen Vitamin-A-Zusatz achten.

Die Bedeutung des Vitamin A geht aber noch weiter. Die Verdauungswege bei allen Lebewesen sind mit Schleimhäuten ausgekleidet. Das Vitamin A sorgt hier für die einwandfreie Funktion der Schleimhaut, beispielsweise im Darm, wo die Nährstoffe durch die Darmwand in den Blutkreislauf übergehen. Funktioniert dieser Übergang der Nährstoffe in das Blut nicht, weil der Darm geschädigt ist, kommt es zu Durchfällen besonders bei Jungtieren, aber auch zur Vergiftung durch die Abbauprodukte des Futters.

Deshalb ist eine Vitamin-A-Ergänzung auch für die Jungtiere enorm wichtig. Saugkaninchen erhalten ihre Vitamine über die Muttermilch, wenn die Häsin ausreichend versorgt ist, aber auch bereits in der Gebärmutter über den mütterlichen Blutkreislauf. Abgesetzte Jungkaninchen sind auf einen Zusatz angewiesen, wenn nicht Grünfutter gefüttert wird.

Am einfachsten ist die Deckung des Bedarfs über Fertigfutter, die bereits ausreichend vitaminiert sind, oder über einen Zusatz zum Tränkwasser zu erreichen. Aber Achtung, Vitamine sind nur begrenzte Zeit haltbar, im Fertigfutter etwa 3 Monate ab Herstellungsdatum.

Als Tränkezusatz hat sich aus eigener Erfahrung eine im Landhandel zu kaufende Emulsion der Vitamine A, D, E bewährt. Die Dosierung sollte aber nicht nach Gefühl erfolgen, sondern die Lösung sollte am besten mit einer Spritze dem Tränkwasser beigemischt werden.

Es ist wichtig, die Angaben auf der Flasche zu beachten. Sind die Angaben nur für Ferkel oder Hühner zu finden, so hilft man sich am besten mit der Umrechnung auf das Tiergewicht.

Vitamin A kommt in pflanzlichen Futtermitteln nur in seiner Vorstufe, dem Betacarotin vor.

Betacarotin

Betacarotin ist die Vorstufe des Vitamins A, auch als Provitamin A bekannt. Aus dieser Vorstufe wird vom Tier das Vitamin A gebildet. Es kommt in der Hauptsache im Grünfutter vor. Aber auch in Rüben,

Vitamine

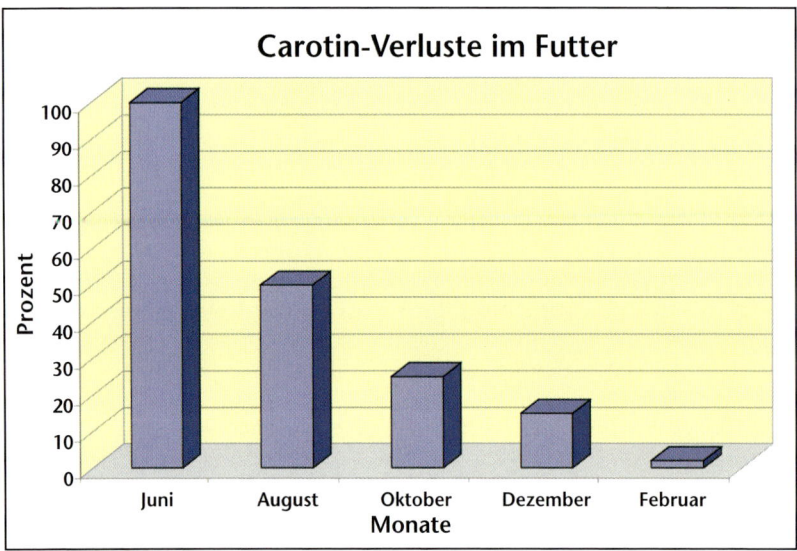

Durch Lagerung, Trocknung und Silierung wird das im Grünfutter noch vollständig vorhandene Betacarotin bis Januar fast vollständig abgebaut.

Mais, in vielen Kohlarten, besonders aber Karotten und Rote Beete haben hohe Gehalte an Betacarotin. Gerade Letztere können im Winter dazu beitragen, den Vitamin-A-Bedarf von trächtigen und säugenden Häsinnen auf natürliche Weise zu decken.

Aus Erfahrungen in der Großtierhaltung ist bekannt, dass Betacarotin eine Eigenwirkung hat. Für uns ist die Wirkung auf die Fruchtbarkeit wichtig. Leider ist das Betacarotin sehr lagerempfindlich. Setzt man den Gehalt im Grünfutter als 100 % an, so beträgt er im frischen Heu nur noch 50 %. Durch die Lagerung wird bis zum Winter das Beta-Carotin fast vollständig abgebaut. Gerade um die Zeit des Deckens im Januar und Februar fehlt es fast völlig. Ein hoher Anteil von nicht trächtig werdenden Häsinnen liegt sicher hierin begründet.

Eine gute Möglichkeit der Ergänzung bietet sich auch hier durch ein Mineralfutter aus dem Landhandel. Beim Kauf ist jedoch ausdrücklich auf ein Mineralfutter mit Betacarotin zu achten. 1 bis 2 Milligramm Carotin je Tier und Tag beugen einem Mangel vor. Die Gehalte im Mineralfutter muss man umrechnen, um auf diese Mengen zu kommen. Zum Verständnis sei aber erwähnt, dass dieses Mineralfutter alle anderen Vitamine und Mineralstoffe enthält, sodass der Züchter nicht etwa noch mit mehreren Sorten Mineralfutter arbeiten muss.

Von einigen Firmen werden Packungen zu 1,75 kg angeboten, die etwa 13 € kosten. Weil eine längere Lagerung nicht sinnvoll ist, andererseits der Verbrauch minimal ist, sollten sich am besten 2 Züchter zusammentun. Sobald jedoch Grünfutter zum Einsatz kommt, ist die Zugabe Carotin-haltiger Zusätze zwar nicht schädlich, bringt aber keinen Effekt mehr.

Vitamin D

Die Bezeichnung antirachitisches Vitamin lässt sofort auf die Wirkung des Vitamin D schließen. Es beugt der Rachitis vor, indem es die Einlagerung der Mineralstoffe Kalzium und Phosphor begünstigt. Je mangelhafter die Versorgung mit Mineralstoffen ist, um so wichtiger wird das Vitamin D, da es die Verwertung von Kalzium und Phosphor fördert.

Nun ist allerdings der Bedarf beim Kaninchen an Vitamin D sehr gering, sodass ein Mangel bei üblicher Fütterung nicht befürchtet werden muss. Beim Vitamin D_3 kann die Vorstufe sogar selbst gebildet werden, wenn die Tiere dem Tageslicht ausgesetzt sind.

Bei Überdosierung von Vitamin D erfolgt eine Einlagerung von Kalzium und Phosphor nicht nur in die Knochen, sondern auch in die Muskeln und die Schleimhäute. Deshalb sollte auf einen speziellen Vitamin-D-Zusatz, vor allem als Einzelgabe, eher verzichtet werden.

Vitamin E

Vitamin E ist für den Stoffwechsel in den Zellen unserer Kaninchen verantwortlich, außerdem schützt es das Vitamin A vor zu schnellem Zerfall durch Sauerstoff.

Ein Vitamin-E-Mangel führt zu Veränderungen der Muskulatur und der Leber. Diesen Veränderungen der Leber folgen Störungen der Fruchtbarkeit, da die Leber einen großen Anteil an hormonellen Steuerungsvorgängen hat. Deshalb wird Vitamin E auch oft als Fruchtbarkeitsvitamin bezeichnet. Weiterhin können bei Vitamin-E-Mangel die Jungtiere noch im Mutterleib absterben.

Im jungen Grünfutter sind die Vitamin-E-Gehalte sehr hoch, ebenso in Weizenkeimen, nicht aber in Getreide, Rückständen aus der Ölgewinnung und Magermilch. Bei Grünfütterung ist ein Mangel überhaupt nicht zu befürchten, im Winter wird er durch den Anteil im Fertigfutter abgedeckt oder durch das bereits erwähnte Mineralfutter zugesetzt.

Wasserlösliche Vitamine

Vitamine der B-Gruppe

Diese Vitamine werden bei der Deklaration von Futtermitteln oft unter verschiedenen Bezeichnungen aufgeführt. Vitamin B_1 (Thiamin), Vitamin B_2 (Riboflavin), Vitamin B_6 (Pyridoxin) und das Vitamin B_{12} (Cyanocobalamin) sind die wichtigsten. Sie spielen aber in der Fütterung unserer Kaninchen deshalb keine Rolle, weil sie im Blinddarm unter dem Einfluss verschiedener Bakterien selbst gebildet werden. Mangelerscheinungen kommen deshalb bei Kaninchen nicht vor.

Der Vollständigkeit halber seien aber einige Mangelerscheinungen erwähnt: Geringes Wachstum, Kümmern, Haut- und Gewebsveränderungen. B-Vitamine spielen bei der körpereigenen Produktion von Fermenten im Stoffwechsel eine Rolle. Sie regulieren den Zellstoffwechsel beim Abbau und der Verwertung von Nährstoffen in den Körperzellen.

Fälschlicherweise oft als Untugend, wird eine besondere Verhaltensweise der Kaninchen bezeichnet, das Kotfressen, gelegentlich auch als Coecophagie oder Koprophagie bezeichnet.

Fast jeder Züchter hat schon in seinen Buchten eine Form von traubenartigem Weichkot gesehen und dabei vielleicht an Verdauungsstörungen gedacht. Hier handelt es sich nicht um eine krankhafte Erscheinung, sondern um den Blinddarmkot.

Dieser Kot aus dem Blinddarm ist sehr reich an B-Vitaminen. Diese werden im Blinddarm von den Bakterien gebildet und in Form dieses traubenartigen Kotes ausgeschieden. Er ist sehr leicht zu erkennen durch seine Form, die ihm das Aussehen von Trauben verleiht, durch seine Weichheit und einen leichten schleimigen Glanz. Entweder wird er vom Boden oder der Einstreu wieder aufgenommen oder meist bei Rosthaltung direkt vom After. Sozusagen in einem 2. Gang durch den Verdauungsapparat werden diese Vitamine aus dem Kot aufgenommen und den Körperzellen zugeführt.

Aus diesem Grunde ist eine zusätzliche Versorgung mit B-Vitaminen überhaupt nicht nötig, es sei denn, die Tiere wurden aus irgend-

Wasserlösliche Vitamine

welchen Krankheitsgründen mit Antibiotika oder Sulfonamiden behandelt. Diese Arzneimittel töten einen Teil der Blinddarmbakterien ab, und die Vitaminbildung bleibt so lange gestört, bis sich die Bakterien wieder entwickelt haben.

Dies ist der Fall bei vorbeugenden Kuren gegen Coccidiose mit Sulfonamiden, sodass in diesem Fall B-Vitamine zugesetzt werden können. Da die Verschreibung von Sulfonamiden und Antibiotika Sache des Tierarztes ist, wird man auch gleich um ein entsprechendes Vitamin-B-Präparat bitten.

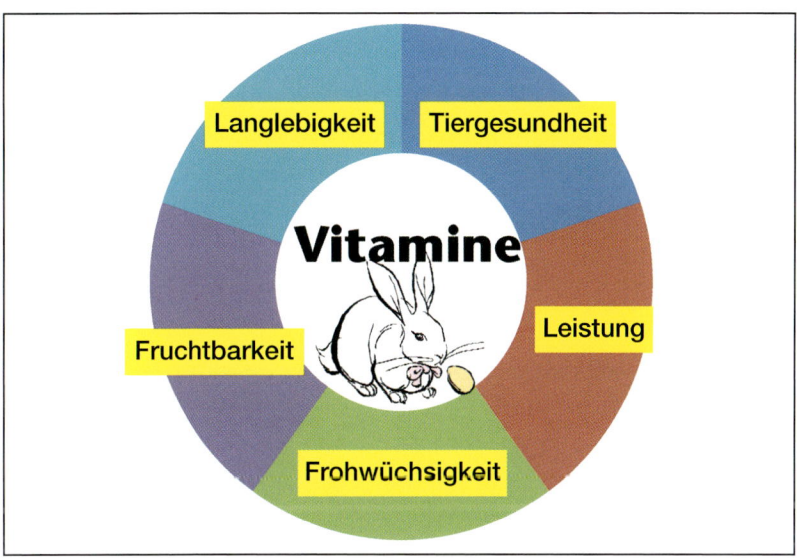

Vitamine sind wichtig für die Gesunderhaltung und das Leistungsvermögen von Mensch und Tier, wobei Überdosierung nutzlos ist.

Kaninchendung als Produkt der Fütterung

Diejenigen Futterbestandteile, die nicht vom Tier verdaut werden, finden wir im Kaninchendung wieder. Hierbei handelt es sich im Wesentlichen um Stickstoff, Phosphor und Kali. Wer schon einmal das Etikett auf einem Mineraldüngersack studiert hat, weiß, dass dies wertvolle Pflanzennährstoffe sind. Wir können durch die Verwertung des Kaninchendungs also den Nährstoffkreislauf Boden – Pflanze – Tier schließen. Um in diesem Kreislauf aber auch die Weitergabe von Krankheitserregern zu unterbrechen, müssen wir bestimmte hygienische Grundsätze beachten.

Kaninchendung muss kompostiert werden, um Parasiten, krank machende Bakterien und Wurmeier abzutöten. Je länger dieser Vorgang erfolgt, umso sicherer ist die keimtötende Wirkung der Kompostierung. Ein ganzes Jahr sollte diese Rotte mindestens dauern. Setzt man dem Mist Erde, Häcksel, Laub und ähnliches Material zu, befeuchtet diese Mischung gut und deckt den so entstandenen Kom-

Kompost aus Kaninchendung ist ein hochwertiger Naturdünger. Der verrottete Mist wird leicht eingearbeitet und liefert so der Pflanze langsam und gleichmäßig die notwendigen Nährstoffe. Regenwürmer zersetzen das Stroh.

posthaufen mit schwarzer Folie ab, so entwickelt sich durch die bakteriellen Vorgänge Wärme, die den Verrottungsprozess enorm beschleunigt. Regenwürmer, die sich aus dem Boden in den Kompost hineinarbeiten, sorgen für Durchmischung und Zerkleinerung. So behandelter Mist ist weitgehend frei von schädlichen Keimen und für die Pflanzen verträglicher.

Eine ordentliche Kompostierung des anfallenden Mists liefert hochwertigen Dünger für Nutz- und Ziergärten.

Fütterungsbedingte Krankheiten

In diesem Abschnitt werden Krankheiten angesprochen, die ihre Ursache in aller Regel in Fütterungsfehlern haben. Aber auch viele Krankheiten, die durch Viren, Bakterien oder Coccidien verursacht werden, sind häufig mitverursacht durch viele Faktoren, die in der Umwelt oder in der Fütterung zu suchen sind. Man nennt sie deshalb Faktorenkrankheiten, weil mehrere Ursachen zusammenkommen müssen, damit die Krankheit zum Ausbruch kommt.

Fütterungsbedingte Krankheiten allein sind es, deren Vermeidung in der Hand des Züchters liegt. Kein Tier ist frei von Krankheitserregern. Unter guten Haltungs- und Fütterungsbedingungen ist das Immunsystem der Tiere im Stande, die Erreger abzuwehren. Kommen nun ungünstige Umstände dazu, sei es extreme Kälte oder Hitze, falsche Fütterung oder keimhaltiges Trinkwasser oder Kontakt mit Tieren aus anderen Tierbeständen wie beispielsweise auf Ausstellungen, so bricht das körpereigene Abwehrsystem zusammen und ein an sich harmloser Erreger breitet sich aus und unser Kaninchen erkrankt mehr oder weniger schwer.

Deshalb gilt es, alle Bedingungen, soweit sie in der Hand des Züchters liegen, so günstig wie möglich zu gestalten. Kommen wir nun zu einzelnen fütterungsbedingten Krankheiten.

Die Knochenweiche der Häsinnen

In der Fachsprache wird diese Krankheit, an der vor allem säugende Häsinnen mit guter Milchleistung erkran-

Auch bei Auslaufhaltung, gerade bei jungem Gras, muss Heu und Kraftfutter beigefüttert werden. Junges Gras ohne Zugabe von Heu führt wegen des zu geringen Rohfasergehalts leicht zu Durchfällen.

ken, auch als Hypocalcämie bezeichnet. Es handelt sich hierbei ganz einfach um Kalkmangel.

Die tragende Häsin braucht im letzten Abschnitt der Trächtigkeit hohe Kalkmengen für die Bildung des Knochengerüstes der Föten. Fehlt also der Mineralstoff Kalzium im Futter, so entnimmt sie dieses ihren eigenen Knochen. Dasselbe gilt während der Säugeperiode. In der Kaninchenmilch gibt die Häsin Kalzium ab. Je mehr Milch sie also gibt, umso mehr Kalzium benötigt sie im Futter.

Als Anzeichen sind zu beobachten: vermehrtes Liegen und Knochenverdickungen an den Läufen, die schmerzempfindlich sind. Im Grunde kann man dagegen nur vorbeugen mit der Beimischung von Mineralfutter schon während der Trächtigkeit. Bei besonders wertvollen Tieren gibt der Tierarzt eine Kalzium-Infusion oder -spritze in Verbindung mit Vitamin D.

Rachitis

Um dieselbe Ursache handelt es sich bei der Rachitis. Sie tritt besonders bei schnellwüchsigen Jungtieren auf. Man erkennt sie leicht an den X- oder O-förmigen Stellungen der Vorder- und Hinterbeine. Die Knochen können sich bei fehlendem Kalzium nicht verfestigen, sodass es zu diesen Fehlstellungen kommt.

Ein Mineralfutterzusatz hilft auch diesem Übel ab und kostet pro Tier nur ein paar Pfennig. Das im Mineralfutter enthaltene Vitamin D genügt, weitere Vitamin-D-Gaben sind schädlich. Es ist aber auch wichtig zu wissen, dass nicht jede Fehlstellung der Gliedmaßen ihre Ursache im Kalzium-Mangel hat. Es kann sich dabei natürlich auch um Erbfehler handeln.

Vergiftungen durch Giftstoffe von Schimmelpilzen

In den letzten Jahren steigt zunehmend die Erkenntnis, dass eine Gruppe von natürlichen Giftstoffen, die durch Schimmelpilze gebildet werden, sogenannte Mykotoxine, regelmäßig in Ernteprodukten wie Getreide, ölhaltigen Samen und Früchten vorhanden sind und Ursache von Vergiftungen bei Mensch und Tier sein können. Mykotoxine sind natürliche Stoffwechselprodukte von Schimmelpilzen, die bei Menschen und Tieren eine giftige Wirkung zeigen. Sie stellen neben den

Antibiotika die zweite große von Mikroorganismen gebildete Wirkstoffgruppe dar.

Die Wirkung der Mykotoxine kann, abhängig von der Art des Giftes, akut und chronisch toxisch sein. Toxine sind also gleichbedeutend mit Giftstoffen, toxisch bedeutet demnach vereinfacht giftig. Die Symptome der akuten Vergiftung in Tieren sind z. B. Leber- und Nierenschädigungen, Angriffe auf das zentrale Nervensystem, Haut- und Schleimhautschäden, Beeinträchtigung des Immunsystems oder hormonähnliche Effekte. Nervengifte können ohne sichtbare Ursache Zittern, Krämpfe und Tod zur Folge haben.

Toxinmengen, die keine akuten Krankheitssymptome auslösen, können krebserzeugend sein, Erbschäden bewirken oder zu Missbildungen beim Embryo, dies sind die noch ungeborenen Tiere, führen. Außerdem können sie das Immunsystem schädigen und Allergien auslösen.

Bedeutung der Mykotoxine
Mykotoxine haben die Menschheit seit Beginn des organisierten Nahrungsmittelanbaus bedroht. Der Ergotismus, eine Krankheit, die nach Verzehr von Mutterkorn auftritt, wird bereits in der Bibel beschrieben. An Mutterkornvergiftung starben im Mittelalter Hunderttausende von Menschen. Schritt für Schritt wurde es klar, dass verschimmeltes Tierfutter oder mit Schimmelpilzen infizierte Futtermittel für eine Reihe von Erkrankungen bei Nutztieren verantwortlich waren.

Bildung von Mykotoxinen
Mykotoxine werden von Schimmelpilzen während des Wachstums gebildet. Die Pilze wachsen nicht nur an der Oberfläche, sondern dringen tief in das Ernteprodukt oder Futtermittel ein. Aber nicht alle Schimmelpilze bilden Mykotoxine. Meist sind es nur bestimmte Arten. Futtermittel bilden ideale Voraussetzungen für die meisten Schimmelpilzarten: Kohlenhydrate, pflanzliche und tierische Öle, erlauben bei günstiger Temperatur, günstigem pH-Wert und ausreichendem Wassergehalt ein optimales Wachstum.

Wichtige toxinbildende Schimmelpilze und ihre Mykotoxine
Bisher sind etwa 300 Arten von Pilzgiften bekannt, nur wenige haben in der praktischen Fütterung Bedeutung.

Aflatoxine
Mit der Entdeckung der Aflatoxine in den 1960er-Jahren begann die Entwicklung der Mykotoxinforschung. Betroffen ist die Maisproduktion in den USA oder in tropischen Ländern, wo der Pilz schon auf dem Feld die Körner befällt, sowie vor allem ölhaltige Samen und Nüsse,

wie Erdnüsse, Mandeln oder Pistazien, Mohn, Sesam, aber auch Reis, Hirse oder Ackerbohnen. Aflatoxine werden auch bei der Lagerung gebildet, wenn die Körner nicht genügend getrocknet sind.

Ochratoxine
Wie die Aflatoxine werden auch die Ochratoxine von Lagerpilzen gebildet. Sie sind in Ernteprodukten wie Mais, Hafer, Gerste, Weizen, Roggen, Buchweizen, Reis, Hirse, Sojabohnen, Erdnüssen, Paranüssen, Pfeffer zu finden und wurden in jüngster Zeit z. B. auch in Kaffee, Bier und Wein nachgewiesen. Auch beim Verderb von Lebensmitteln im Haushalt können diese Toxine entstehen. Ochratoxin A wirkt nieren- und leberschädigend und wird wegen seiner krebserzeugenden Wirkung bei Tieren als eine für den Menschen möglicherweise krebserzeugende Substanz eingestuft.

Mutterkorn
Die Anzeichen einer akuten Mutterkornvergiftung sind Krämpfe, Gefühllosigkeit von Armen und Beinen, Gebärmutterkontraktionen, Fruchtabgänge und Gebärmutterzysten. Eine chronische Mutterkornvergiftung führt zu starken Muskelkrämpfen (Krampfseuche) oder zu brennenden Schmerzen einzelner Gliedmaßen, die später gefühllos werden und absterben (Brandseuche, „Antoniusfeuer"). Bei Tieren treten Mutterkornvergiftungen in ähnlicher Form auf.

Von den Getreidearten werden vor allem Roggen, seltener Weizen, hier besonders Hartweizen und Dinkel, sowie Gerste befallen. Auch Futtergräser werden befallen, ebenso Wildgräser, die als Infektionsquelle eine Rolle spielen können. Wo Roggen in dichter Fruchtfolge angebaut wird, ist Mutterkorn weit verbreitet und tritt abhängig von ungünstigen Witterungseinflüssen in den einzelnen Jahren unterschiedlich häufig auf. Die moderne Mühlentechnologie gewährleistet eine sichere Entfernung von Mutterkorn, sodass trotz gelegentlicher Zunahme des Mutterkorns keine Gefährdung durch dessen Giftstoffe besteht. Landwirte, die Getreide selbst vermarkten und nicht über eine gute Reinigungsmöglichkeit für Getreide verfügen, sollten ihr Erntegut zur Sicherheit bei einer Mühle reinigen lassen. Ausdrücklich gewarnt wird vor dem Verzehr von ungereinigtem, frisch vermahlenem Getreide, da dann chronische und akute Vergiftungen nicht auszuschließen sind.

Maßnahmen zu Verringerung von Mykotoxinen
Da Mykotoxine chemisch sehr stabile Verbindungen sind und es nur wenige und wirksame Methoden zu ihrer Entgiftung gibt, ist die Verhinderung der Verschimmelung von Futter- und Lebensmitteln entscheidend. Wichtige Voraussetzungen liegen hierfür im Anbau der Fut-

termittel durch Auswahl der Fruchtfolge, Anbau standortgerechter Sorten, schonende Ernteverfahren und im Bereich der sachgemäßen Lagerung, Verarbeitung und Konservierung von Futter- und Lebensmitteln.

Verschimmelte Produkte dürfen auf keinen Fall an Tiere verfüttert werden, da Mykotoxine Tiere genauso schädigen können wie den Menschen. Bei Vergiftungen durch Mykotoxine gibt es nur die Möglichkeit, mit Abführmitteln für schnelle Entleerung des Darms zu sorgen, damit das Gift aus dem Körper entfernt wird.

Magen-Darm-Entzündungen

Die Ursachen können naturgemäß recht vielseitig sein. Beschränken wir uns auf Ursachen, die in der Fütterung liegen.

Es wurde schon erwähnt, dass bei zu geringem Rohfasergehalt des Futters und bei Verfütterung ausschließlich hochkonzentrierter Futtermittel die Gefahr von Magen-Darm-Entzündungen ansteigt. Als Folge dieser Entzündungen kommt es zum Eindringen immer vorhandener Krankheitserreger vom Darm ins Blut und damit zur Überschwemmung des Blutes mit Bakterien.

Arzneimittel hierfür sind allein wenig wirksam, es gilt, die Ursachen zu beseitigen. Entzug jeglicher Art von Kraftfutter und vorsichtshalber auch des Grünfutters. Füttern von Heu und täglich frischem Wasser, das im Winter lauwarm sein sollte. Hat das Tier Fieber, so hilft zusätzlich ein vom Tierarzt verordnetes Antibiotikum in der Tränke, zum Beispiel Erythromycin.

Bei Durchfällen darf niemals das Wasser entzogen werden, da es sonst buchstäblich zur Austrocknung der Tiere kommt. Eichenrinde wirkt stopfend, ebenso wie schwarzer Tee, den man lange ziehen lässt. In besonders schweren Fällen ist jedoch ein Mittel gegen Durchfall für Tiere geeignet. Bei Verstopfung nimmt man dagegen Rizinusöl, das man mit der Pipette eingibt je nach Größe des Tieres zwischen 2 und 4 ml.

Blähungen und Trommelsucht

Meist werden verschiedene Formen von Blähungen als Trommelsucht bezeichnet. Durch eine Fütterung mit sehr hohem Nährstoffgehalt bei

Blähungen und Trommelsucht

wenig Rohfaseranteil kommt es häufig zu Blähungen. Es wurde bereits erwähnt, dass der Darm des Kaninchens über wenig Muskulatur verfügt. Kommt es nun im Blinddarm zu Gärungen, können die dabei entstehenden Gase nicht entweichen.

Erkrankte Tiere verweigern jegliche Futteraufnahme, zeigen einen deutlich vergrößerten Bauchumfang und leiden an starker Atemnot. Die Krankheit verläuft rasch und führt meist zum Tode.

Zu solchen Gärungen führen bei zu hohen Mengen fast alle Kohlarten, frisches Brot, welkes Gras und Getreide. Es kann versucht werden mit einem Abführmittel die gärgasbildenden Futtermittel möglichst schnell aus dem Körper zu entfernen. Bei Kreislaufversagen, an Taumelbewegungen und blauen Ohren erkennbar, kann etwas starker Bohnenkaffee mit einer Pipette eingegeben werden. Als Diät gibt es nur Heu und frisches Wasser.

Häufige Ursache von Blähungen sind zu rasche Futterumstellungen im Frühjahr. Über eine vom Verfasser erprobte Möglichkeit berichten auch andere Züchter. Im Frühjahr mischt man gehäckseltes Heu unter das junge Grünfutter. Dies ist auch möglich bei regen- oder taunassem Futter und dient einer guten Versorgung mit der nötigen Rohfaser, sodass jedenfalls die Ursache eines Rohfasermangels vermindert ist.

Ähnliche Symptome wie die durch Fütterung verursachten Blähungen zeigen sich bei der Darm-Coccidiose der Kaninchen. Starke Blähung und Durchfall mit penetrantem Geruch haben ihre Ursache vor allem bei Jungtieren in der Coccidiose. Coccidien als Verursacher dieser Darmerkrankung sind einzellige Parasiten. Hier helfen nur Sulfonamide verordnet vom Tierarzt und die strikte Einhaltung der bereits dargelegten Regeln für eine korrekte Fütterung.

Für alle fütterungsbedingten Krankheiten ist kennzeichnend, dass eine Heilung wenig aussichtsreich ist. Vielmehr muss bei der gesamten Fütterung darauf geachtet werden, dass so gefüttert wird, wie es der Verdauungsapparat unserer Kaninchen verlangt. Zumal sich solche Fütterungsfehler meist nicht nur bei Einzeltieren, sondern im ganzen Bestand auswirken. Dabei sind Jungtiere besonders betroffen. Dazu kommt, dass durch die Beeinträchtigung der Kaninchen bei falscher Fütterung der Körper geschwächt ist und Infektionen durch Bakterien, Viren und Einzeller wie Coccidien dazukommen und ganze Würfe dahinraffen.

Anhang

Wertigkeit von Futtermitteln

Futtermittel	Tr.-Subst. %	Inhaltsstoffe je kg Futtermittel Roheiweiß %	Rohfaser %	Verd. Energie MJ DE
Grünfutter				
Wiesengras	25,0	3,0	6,0	2,93
Markstammkohl	13,1	2,1	2,3	1,81
Luzerne	11,5	4,5	5,3	2,80
Rotklee	20,0	2,8	3,3	2,41
Weißkohlblatt	13,5	2,6	1,2	2,16
Grünfutter getrocknet				
Haferstroh	86,0	3,8	39,7	4,62
Wiesenheu nach d. Blüte	88,3	8,4	29,1	6,41
Wiesenheu in d. Blüte	85,5	10,0	25,0	6,58
Wiesenheu vor d. Blüte	87,6	13,6	23,5	7,24
Kleeheu	86,6	15,0	22,0	9,87
Silagen				
Luzernesilage	20,1	3,6	4,7	2,28
Maissilage	25,0	2,0	7,6	2,45
Wurzeln und Knollen				
Futterrüben	14,6	1,0	0,9	2,38
Kartoffeln, gekocht	25,0	2,3	0,8	4,11
Karotten	12,3	1,4	1,2	1,95
Topinambur-Knollen	19,0	1,5	1,2	3,19

Inhaltsstoffe je kg Futtermittel

Futtermittel	TrSubst. %	Roheiweiß %	Rohfaser %	Verd. Energie MJ DE
Körner und Samen				
Gerste	86,1	9,9	5,0	13,56
Hafer	88,2	10,5	11,1	12,38
Maiskörner	86,0	10,0	2,1	14,81
Roggen	85,7	11,5	2,1	13,76
Weizen	85,3	12,1	2,0	14,52
Erbsen	92,0	22,8	6,0	13,07
Handelsprodukte				
Weizenkleie	89,6	16,7	10,5	10,5
Sojaschrot	88,3	45,5	6,5	13,06
Sonnenblumen extr.schrot	90,4	38,1	18,2	10,65
Biertreber getrocknet	94,3	25,5	16,2	10,87
Zuckerrübenschnitzel	88,5	8,3	21,8	13,06
Sonstige				
Brot getrocknet	95,6	15,8	0,3	17,48

(nach Schlolaut 1982, verändert)

Anhang

Berechnungsformular für Kraftfuttermischungen

Spalte: 1 Futtermittel	2 Anteil %	3 Gehalte je kg % Eiweiß MJ DE	4 Futtermittel verd. Energie MJ DE	5 Gehalte in der Mischung % Eiweiß Sp.2xSp.3/100	6 verd. Energie Sp.2xSp.4/100
Sojaschrot	0	45,5	13,06	0,0	0,0
Weizen	0	12,1	14,52	0,0	0,0
Hafer	0	10,5	12,38	0,0	0,0
Gerste	0	9,9	13,56	0,0	0,0
Kleie	0	16,7	10,50	0,0	0,0
Summe Soll je kg Futter	100				

Literatur

DLG-Merkblatt, Fütterungshinweise für Kaninchen,
 DLG Frankfurt, 1987
Kirchgeßner Manfred, Tierernährung,
 DLG Frankfurt, 1997
Kleiner Helfer für die Berechnung von Futterrationen,
 DLG Frankfurt, 2005
Koch u. a., Futtermittelrechtliche Vorschriften,
 Verl. Alfred Strohte, Frankfurt/M., 1989
Menke/Huss,Tierernährung und Futtermittelkunde,
 Ulmer Verlag, Stuttgart, 1987
Schley Peter, Kaninchen, Ulmer Verlag, Stuttgart, 1985
Schlolaut Wolfgang, Ovator-Kaninchen-Fibel,
 Muskator-Werke, Düsseldorf, 1989
Schlolaut Wolfgang, Die Ernährung des Kaninchens,
 Wissenschaftl. Mitteilungen der Hoffmann-La Roche AG Grenzach,
 1983
Schlolaut Wolfgang, Das große Buch vom Kaninchen, Cadmos Verlag,
 Brunsbek, 2003
Weißenberger Karl, Krankheiten der Kaninchen, Landbuch Verlagsgesellschaft mbH, Brunsbek, 1991